Springer

国外油气勘探开发新进展

GUOWAIYOUQIKANTANKAIFAXINJINZHANCONGSHU

U0671169

CHALLENGES IN MODELLING AND SIMULATION OF SHALE GAS RESERVOIRS

页岩气藏建模与数值模拟方法面临的挑战

【英】Jebraeel Gholinezhad 【英】John Senam Fianu

【英】Mohamed Galal Hassan 著

王硕亮 白晓虎 于荣泽 国力文 译

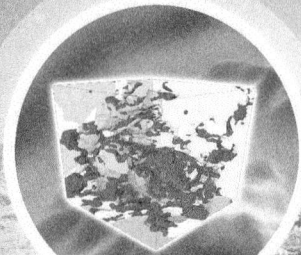

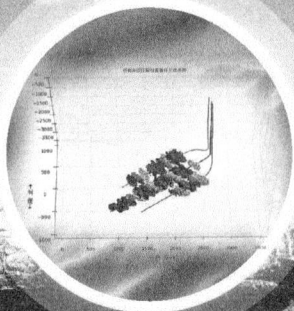

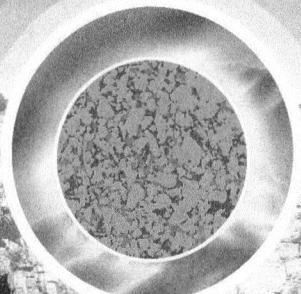

石油工业出版社

内 容 提 要

本书整理了目前关于页岩气藏建模和数值模拟的最新方法，介绍了油气开采各个阶段在近井眼附近引起储层伤害和流动效率降低有关过程的基本理论，用于储层伤害诊断、测量和生产的重要数学模型和模拟方法以及在评价、诊断及最小化控制储层伤害所采用的各种技术的研究进展。提出了页岩气藏开发需要解决的关键问题，并指明了页岩气藏开发技术的未来发展方向。

本书可供从事页岩气藏开发的工程师、技术人员以及高等院校石油工程相关专业的师生参考学习。

图书在版编目（CIP）数据

页岩气藏建模与数值模拟方法面临的挑战/（英）杰布雷尔·霍利内扎德，（英）约翰·塞南·菲努，（英）默罕默德·加拉尔·哈桑著；王硕亮等译 . —北京：石油工业出版社，2020.8

（国外油气勘探开发新进展丛书；二十一）

书名原文：Challenges in Modelling and Simulation of Shale Gas Reservoirs

ISBN 978-7-5183-4013-2

Ⅰ. ①页… Ⅱ. ①杰…②约…③默…④王… Ⅲ. ①油页岩-油气藏-油藏数值模拟-研究 Ⅳ. ①FE319

中国版本图书馆 CIP 数据核字（2020）第 077940 号

First published in English under the title
Challenges in Modelling and Simulation of Shale Gas Reservoirs
by Jebraeel Gholinezhad, John Senam Fianu, Mohamed Galal Hassan
Copyright© Jebraeel Gholinezhad, John Senam Fianu, Mohamed Galal Hassan 2018
This edition has been translated and published under licence from Springer Nature Switzerland AG.

本书经 Springer 授权石油工业出版社有限公司翻译出版。版权所有，侵权必究。
北京市版权局著作权合同登记号：01-2020-4571

出版发行：石油工业出版社
　　　　　（北京安定门外安华里 2 区 1 号楼　 100011）
　　　　　网　址：www. petropub. com
　　　　　编辑部：(010) 64523537　图书营销中心：(010) 64523633
经　　销：全国新华书店
印　　刷：北京中石油彩色印刷有限责任公司

2020 年 8 月第 1 版　2020 年 8 第 1 次印刷
787×1092 毫米　开本：1/16　印张：5.75
字数：120 千字

定价：45.00 元
（如发现印装质量问题，我社图书营销中心负责调换）

序

"他山之石，可以攻玉"。学习和借鉴国外油气勘探开发新理论、新技术和新工艺，对于提高国内油气勘探开发水平、丰富科研管理人员知识储备、增强公司科技创新能力和整体实力、推动提升勘探开发力度的实践具有重要的现实意义。鉴于此，中国石油勘探与生产分公司和石油工业出版社组织多方力量，本着先进、实用、有效的原则，对国外著名出版社和知名学者最新出版的、代表行业先进理论和技术水平的著作进行引进并翻译出版，形成涵盖油气勘探、开发、工程技术等上游较全面和系统的系列丛书——《国外油气勘探开发新进展丛书》。

自 2001 年丛书第一辑正式出版后，在持续跟踪国外油气勘探、开发新理论新技术发展的基础上，从国内科研、生产需求出发，截至目前，优中选优，共计翻译出版了二十辑 100 余种专著。这些译著发行后，受到了企业和科研院所广大科研人员和大学院校师生的欢迎，并在勘探开发实践中发挥了重要作用，达到了促进生产、更新知识、提高业务水平的目的。同时，集团公司也筛选了部分适合基层员工学习参考的图书，列入"千万图书下基层，百万员工品书香"书目，配发到中国石油所属的 4 万余个基层队站。该套系列丛书也获得了我国出版界的认可，先后四次获得了中国出版协会的"引进版科技类优秀图书奖"，形成了规模品牌，获得了很好的社会效益。

此次在前二十辑出版的基础上，经过多次调研、筛选，又推选出了《井喷与井控手册（第二版）》《页岩油与页岩气手册——理论、技术和挑战》《页岩气藏建模与数值模拟方法面临的挑战》《天然气输送与处理手册（第三版）》《应用统计建模及数据分析——石油地质学实用指南》《地热能源的地质基础》等 6 本专著翻译出版，以飨读者。

在本套丛书的引进、翻译和出版过程中，中国石油勘探与生产分公司和石油工业出版社在图书选择、工作组织、质量保障方面积极发挥作用，一批具有较高外语水平的知名专家、教授和有丰富实践经验的工程技术人员担任翻译和审校工作，使得该套丛书能以较高的质量正式出版，在此对他们的努力和付出表示衷心的感谢！希望该套丛书在相关企业、科研单位、院校的生产和科研中继续发挥应有的作用。

中国石油天然气股份有限公司副总裁　李鹭光

译者前言

由于页岩气藏孔喉结构的特殊性，其开发工艺和渗流机理都明显有别于传统油气藏。本书提出了页岩气藏开发需要解决的关键问题，指明了页岩气藏开发技术的未来发展方向。本书主要介绍了全球范围内页岩气储层描述和开发技术的研究现状，所引用的参考文献来自全球多个国家，其中有一些来自英国和南美洲的文献国内学者平常不太了解或不太熟悉。本书分为四个章节，第一章介绍了页岩气储层与常规储层的区别，对全球各个国家的页岩气赋存状况和开发现状进行了总结归纳，详细介绍了英国页岩气的分布特征和开发特点，指出了英国页岩气开发存在的一些问题；第二章指出页岩气藏的数值模拟问题与建模问题是高效开发页岩气藏的关键，介绍了天然裂缝和人工压裂裂缝的描述方法和建模方法，概述了页岩气藏地质建模方面取得的进展，综述了目前最新的页岩气藏数值模拟方法。第三章讨论了页岩气数值模拟方法的假设条件，指出对于孔径非常小的页岩气藏，这些假设条件会导致严重的计算误差，建议在模拟器中使用适当的网格结构，同时采用适当的数值方法求解数值模拟的偏微分方程组。本章还对孔隙网络内瞬时毛细管平衡理论和基质内非达西流动等理论进行了综述，汇总了支撑剂在裂缝内运移的相关成果；第四章对已有的多种页岩气藏产量动态分析方法进行了对比分析，指出页岩气产量动态分析的结果可以用于预测最终采收率，计算储层渗透率、井筒表皮系数和裂缝导流能力等参数。

在翻译和整理稿件工作中，特别感谢王硕桢、于春磊、马钰骅、李星志、李聪聪等所提供的帮助。

前　言

传统油气资源的匮乏和全球能源需求日益增长之间的矛盾迫使上游石油企业寻求替代能源，例如非常规油气藏。页岩气藏是一种富含干酪根有机质的非常规油气藏，页岩气藏既是烃源岩又是储层。页岩气藏中一小部分天然气存储在非常小的基质孔隙中，大部分天然气以吸附态的形式存储在干酪根有机质中。页岩气藏的渗透率极低，需要采取有效的压裂改造措施才能经济有效地开采。

过去的 10 年是美国页岩油气高速开发的繁荣时期，多段体积压裂水平井技术的发展和成熟显著增加了页岩油气的产量。但是，页岩气的发展和繁荣也给上游油气行业带来了内在的挑战。这些挑战主要来自页岩气藏的特殊性，页岩气藏的储层特征和渗流模式与传统气藏之间存在很大的区别。页岩气藏中天然气的赋存方式主要有孔隙中的自由态天然气和岩石内表面的吸附态天然气。页岩气藏储层的渗透率非常低，这意味着流体在页岩中的流动机理非常复杂，与传统油气藏中的渗流机理存在明显差异。影响页岩气藏的单井产能的核心因素是天然裂缝发育程度。多段压裂水平井是开发页岩气的有效手段。超低渗透页岩基质中存在着人工压裂裂缝和天然微裂缝组成的裂缝网络，应用传统的油藏数值模拟方法不能准确描述页岩气藏的复杂渗流机理。介绍最新的页岩气藏数值模拟方法技术成果，提出目前存在的技术挑战，是撰写本书的主要目的。

现在大家已经意识到页岩气藏与传统油气藏之间存在明显差异，尽管关于页岩气藏人工压裂裂缝和天然微裂缝的建模与计算方法已有大量的研究成果，但是由于页岩气藏储层的复杂性，关于传统数值模拟方法与页岩气数值模拟方法之间的本质差异还知之甚少。另一方面，对页岩气藏数值模拟和建模方法的研究结果非常零散，各种研究成果尚待整合和归纳总结。本书的目的是试图将许多相关的基本认识集中在一个地方，并提出一种统一的方法来模拟页岩气储层。

《页岩气藏建模与数值模拟方法面临的挑战》是一本关于页岩气储层建模方面有独特见地的书，因为页岩气储层与传统气藏有着根深蒂固的不同。本书首先在第一章介绍了页岩气储层和模拟遇到的挑战。第二章和第三章详细讨论了裂缝网络的复杂性、吸附参数、非达西渗流、天然裂隙网络等不同的建模和模拟挑战，并提出了这些问题的最新进展。第四章介绍了评价页岩气储层生产动态的现有技术和方法。

我们相信本书将引起石油工业界和学术界的兴趣，希望读者能够了解和理解页岩气开发中存在的复杂问题，并能够知道页岩气的建模和数值模拟方法与常规油藏的建模和数值模拟方法之间的差异。通过本书，读者还可以进一步掌握上游石油行业页岩气模型和模拟器发展现状，最终可以更好地了解页岩储层，促进页岩气区块高效开发。

在这本书中，我们的目的是总结有关页岩气储层分析和数值模拟的前沿信息，并详细阐述页岩储层模拟的各种挑战。如果不考虑这些挑战，在进行页岩气勘探和数值计算时可能会导致错误的结果。虽然我们努力收集尽可能多的研究著作和文章，尽量避免错过任何一篇有显著成果的论文，但难免有可能误解相关著作的学术观点。因此，非常欢迎读者积极反馈或评论本书，我们将在下一版进行完善。

我们借此机会感谢以不同方式帮助编写本书的许多人。我们特别感谢迈克尔·基诺莫尔先生对英国页岩气现状的分析工作。我们还要感谢斯普林格国际出版公司编辑人员的帮助。

Jebraeel Gholinezhad

John Senam Fianu

Mohamed Galal Hassan

于英国朴次茅斯

2017 年 11 月

目　　录

1 页岩气藏——一种更具竞争力的解决途径

页岩通常被石油行业视为一类没有经济开采价值的岩石类型，因为它妨碍了钻遇目标砂岩和石灰岩储层的钻井作业。另外，页岩也被认为是烃类运移到常规储层的烃源岩和把油气封存于下覆沉积物中的盖层。如今美国的"页岩气革命"让我们知道，页岩作为地球上最丰富的沉积岩形式，可以形成含有大量碳氢化合物的低渗透储层。与常规储层不同，页岩气资源的开采在经济上是不可行的，因为超低渗透率地层的天然气流量非常低。然而，这只是页岩气藏区别于传统油气资源的特征之一。本章主要介绍页岩气储层与常规气藏储层的基本区别以及页岩气开发的现状。此外，还介绍了英国页岩气的潜力，以及与美国页岩气相比，英国页岩气发展存在的一些问题。

1.1 引言

由于页岩的固有超低渗透性，会阻止烃类在低渗透性地层中的运移，因此页岩烃源岩中仍有相当数量的碳氢化合物。多年来，人们认为在烃源岩中开采被封存的碳氢化合物是不经济的。然而，先进的水力压裂和水平井钻井技术把这些页岩油气藏带入了美国市场。这些页岩油气藏通常被称为非常规油气藏，因为如果没有水力压裂，其油气的商业化量产是无法实现的。页岩气和致密油伴生气的产量是美国天然气产量增长的最大贡献者，到2040年将占美国天然气总产量的近2/3。致密气产量是美国国内天然气供应的第二大来源，但由于页岩气和致密油油藏的不断开发，21世纪20年代末，致密气产量对美国天然气产量的贡献将有所下降。

美国东部的 Marcellus 气藏和 Utica 气藏是美国最大的页岩气气藏，也是美国干天然气总产量的主要来源。此外，位于墨西哥湾沿岸的 Eagle Ford 气藏和 Haynesville 气藏的产量是美国国内天然气产量的次要贡献者，产量将在21世纪30年代趋于稳定。随着页岩气藏开发技术的不断发展，在拥有大量未开发资源的气田，例如 Marcellus、Utica 和 Haynesville 气田，页岩气藏的开发成本有望进一步降低，单井的最终采收率也将进一步提高。包括英国在内的世界各国正在试图复制美国页岩气的成功经验。

英国也是勘探和开发页岩气较早的国家之一。1875年，英国第一口页岩气井开始钻探。当时，由于常规储层储量巨大，开采页岩气利润率较低，页岩气的重要性无人知晓，也无人关注（The Royal Society，2012）。20世纪80年代，英国开始论证页岩气勘探的可能性（Selley，1987）。目前，英国国内常规天然气产量的下降致使从卡塔尔等其他国家进口天然气显著增加（Stevens，2013），加上北海油气产量的下降，导致了英国开始迅速开始开采页岩气。EIA（2013）指出，英国石炭系页岩地层中页岩气储量潜力巨大，主要分布在英国的北部和中部地区。

1.2 页岩油气藏与常规油气藏的区别

页岩气是指吸附或束缚在页岩地层中的天然气。页岩地层是由岩石的风化作用形成的，这些风化作用将岩石以细颗粒的形式搬运并最终沉积在湖泊、潟湖、河流三角洲和海床中，同时伴随着大量死去的浮游生物或海洋植物（Energy Institute，2015）。页岩含气地层具有有机质丰富，颗粒细，渗透率低的特点（Javadpour 等，2007）。渗透率极低是页岩气藏区别于传统气藏的特征之一。由沉积物形成的非常规页岩储层具有渗透率小于 0.1mD 的低渗透或超低渗透特征。这意味着天然气的流动受到限制，需要对致密的页岩储层进行大规模压裂改造，通过压裂裂缝可以提高天然气的流动性和产量（Green，2011）。页岩储层中，天然气在页岩中产生并储存在页岩中，页岩既是烃源岩，同时又是储层。

页岩的两个基本特性控制着页岩的产气能力，这两个特性包括化学特性和物理特性。化学特性包括有机质的质量和数量（成熟度和成分），而孔隙度和渗透率则是指页岩的物理特性（Selley，2012）。此外，水力压裂依赖于地层的两个地质力学特性：即页岩的矿物组成和地层的韧性/脆性。脆性是泊松比和杨氏模量。泊松比反映了岩石在应力作用下的破裂能力，而杨氏模量则反映了岩石的刚度，也就是保持裂缝形态的能力。韧性页岩地层的破裂压力较高，因为页岩地层在最终破裂前先发生变形，这往往会导致产生无效的裂缝网络（Arogundade 和 Sohrabi，2012）。然而在脆性页岩地层中，建立一个有效的裂缝网络并不需要高的破裂压力，因此，这样的地层是我们需要的（Arogundade 和 Sohrabi，2012）。造成这种截然不同的原因是泊松比的大小（指示了石英/黏土的含量）。因此，高泊松比（低石英—黏土比）表明地层韧性好。低泊松比（高石英—黏土比）意味着页岩地层具有较高的孔隙度，因此破裂压力较低（Arogundade 和 Sohrabi，2012）。

在储层增产过程中起重要作用的地质因素有层理平面岩石分布、地层、黏土含量和页岩吸水性。这些参数可以改变裂缝扩展方向、气体采收率和井筒稳定性（Mallick 和 Achalpurkar，2014）。

图 1.1 说明了进行商业和生产所必需的关键要素（Kundert 和 Mullen，2009）。

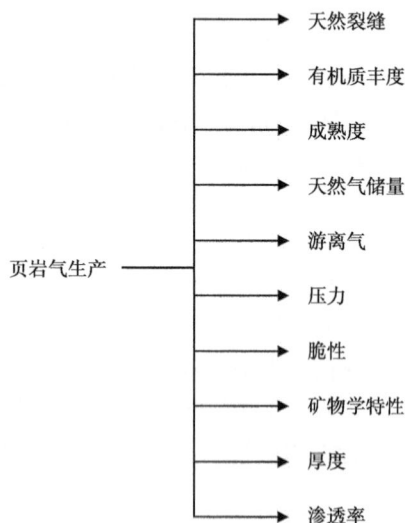

图 1.1   成功开发页岩气所需的关键要素
（据 Kundert 和 Mullen，2009）

这些要素在页岩储层中所占比例各不相同，如图 1.1 所示，页岩气藏开发的基本要素是成熟度、游离气、总气量、厚度、天然裂缝和地层压力。最重要的要素是有机质丰度、脆性和矿物学特性（影响脆性）。如果页岩储层的韧性较强，同时页岩中有足够的游离气，这种情况下对水力压裂技术提出了更高的要求，只要水力压裂能够取得成功，高韧性高游离气饱和度的页岩气藏可以取得良好的开发效果（Kundert 和 Mullen，2009）。

Chopra 等（2012）认为应该将页岩气藏的深度作为一个影响页岩气开发效果的因素，因为页岩储层的深度将影响天然气采收率的经济效益。能获得高产页岩气产量的页岩储层位置通常被描述为页岩的甜点。页岩气藏中的甜点一般表现为低黏土含量、中到高有机质含量、高有效孔隙度、低含水饱和度、高杨氏模量以及低泊松比（Holden 等，2015）。

页岩气初始产量主要来自裂缝网络中的天然气，由于裂缝网络体积有限，裂缝网络中的天然气被开采出来后，页岩气产量迅速下降（Speight，2013）。与常规储层相比，页岩储层比较致密，导致压力传播较慢，因此页岩气藏开发的井距较小（Speight，2013）。Speight（2013）提出页岩气藏的最终采收率约为 28% 到 40%。然而，与采收率高达 90% 的常规油藏相比，大多数页岩气藏的采收率一般在 20% 左右（Chopra 等，2012）。在常规油藏中，每口井都能够抽干大范围区域的石油或天然气，因此，在经济最优的前提下，常规储层的井距较大（Speight，2013）。

大多数页岩储层的净页岩厚度通常为 50～600ft，孔隙率为 2%～8%，总有机碳含量为 1%～14%，深度为 1000～13000ft（Cipolla 等，2010）。这些非常规资源的渗透率通常为 10～100nD（10^{-5}～10^{-4}mD），必须依靠大规模体积压裂技术才能经济有效的开发这些渗透率极低的页岩储层。（Cipolla 等，2010）。从物理学上讲，常规储层具有足够的孔隙度，因此具有足够的储气能力和足够的渗透率让气体在储层中流动，不需要进行大量的压裂措施，也不需要很长的水平段长度或多分支井，就可以经济有效的开采天然气或石油（Naik，2003）。

Chan 等（2010）还将常规资源描述为存在于局部构造或地层圈闭的离散的石油储集层中的资源。这些储集层通常以含水层为界，并且水动力（油和水的密度不同）因素影响较大。常规资源在销售前几乎不需要加工。

页岩气储层与常规储层间的一些差异总结如下：

（1）对于常规资源，储层的勘探评价有明确的边界，或通常封闭在特定地理区域内，而非常规资源勘探评价远远超出了评价区域，没有明确的边界（图 1.2）。换句话说，使用传统的体积测定法对非常规资源进行分析和评估是不可行的（Haskett 和 Brown，2005）。

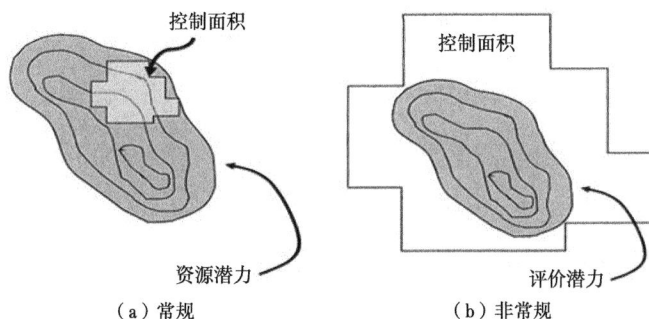

图 1.2　评估常规（a）和非常规（b）资源时的勘探区域与开发区域的关系
（据 Haskett 和 Brown，2005）

（2）与常规类型岩石相比，页岩既作为烃源储层又作为封闭层。Andrews（2013）进一步说明，由于这一特点，页岩气藏的勘探主要集中在广阔的盆地中心，而不像常规气藏集中在圈闭或构造高点。

（3）页岩储层中的裂缝系统分为天然微裂缝和人工压裂裂缝，页岩储层的孔隙度分为原生孔隙系统和次生孔隙系统。与常规气藏相比，这些复杂的裂缝网络为页岩气藏建模带来了新的挑战。

（4）页岩气藏的渗透率和孔隙度普遍低于常规气藏（Williams-Kovacs，2012）。相比常规储层渗透率在毫达西到微达西范围内，页岩气渗透率则在纳达西到微达西范围内（Williams-Kovacs，2012）。因此，天然气在页岩地层中的流动能力很弱，需要采用水力压裂方式才能经济有效地开采页岩气（Mallick 和 Achalpurkar，2014）。页岩的低渗透率还意味着页岩气的渗流规律与常规储层不同，与大多数常规气藏中的达西流相比，页岩气藏中的气体流动表现为低速非达西流。

（5）天然气在页岩储层中主要以吸附态存在。页岩气藏中储存的气体大部分是通过气体吸附来实现的，而常规气藏中，气体主要以压缩气体的形式储存在基质孔隙中（图1.3）。

（6）页岩的低渗透特性阻止了天然气向渗透性更强的储层运移（Sun 等，2014），而常规储层中的天然气可以从烃源岩通过运移层迁移到位于盆地中心边缘构造高点的离散圈闭中（Andrews，2013）。

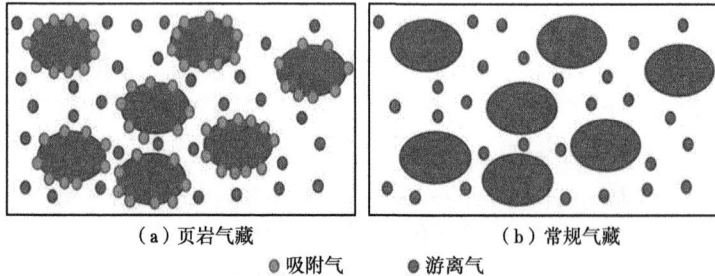

（a）页岩气藏　　　　　　　　　（b）常规气藏

●吸附气　　●游离气

图1.3　页岩气藏和常规气藏的储气系统

（7）Sun 等（2014）和 Swami 等（2012）认为页岩中普遍存在的孔隙直径为 2nm，而常规砂岩和碳酸盐岩储层的孔隙直径为 1～100mm。

（8）水力压裂是页岩气藏经济开采的必要手段，而传统油气藏的情况则不同（Williams-Kovacs，2012）。非常规水力压裂通常需要使用 $(300 \sim 700) \times 10^4 \text{gal}$❶ 的水来压裂一口井（Wilkinson，2014）。这些大量的水是必要的，因为非常规井的埋深比常规井的埋深更深，需要更高的压力（Wilkinson，2014）。传统的压裂法被称为"小规模压裂法"，压裂一口单井只需要不到 $8 \times 10^4 \text{gal}$ 的水（Wilkinson，2014）。

（9）页岩气藏的含气层并非处于构造高部位（即气体不一定高于水），常规气藏的含气层位于地层顶部，水由于密度较大位于地层底部（Williams-Kovacs，2012）。

1.3　世界页岩气的开发

页岩气资源在世界各地都有广泛的分布。2013 年，国际先进资源公司（ARI）代表美国能源信息管理局（EIA）和美国能源部（DOE）牵头进行了一项世界页岩气资源评估——评估中各大洲的页岩气资源国，评估结果见表1.1。

---

❶　1gal（美）= 3.7854dm²。

表 1.1　页岩气资源国家和地区（据 EIA，2013）

大洲	国家和地区
非洲	南非、阿尔及利亚、摩洛哥、突尼斯、利比亚、埃及
美洲	阿根廷、加拿大、墨西哥、美国[①]、巴西、玻利维亚、智利、巴拉圭、乌拉圭、委内瑞拉
澳洲	澳大利亚
亚洲	中国、蒙古、泰国、约旦、土耳其、沙特阿拉伯、印度、印度尼西亚、巴基斯坦
欧洲	奥地利、保加利亚、西班牙、丹麦、法国、德国、匈牙利、爱尔兰、加里宁格勒州、俄罗斯、波兰、立陶宛、罗马尼亚、瑞典、乌克兰、英国

①评估并不是针对美国进行的，但是为了完整起见，我们将其包含在这里。

EIA/ARI 评估的技术上可采页岩气储量概况见表 1.2。

表 1.2　技术可采页岩气资源的国家（据 EIA，2013）

国家名称	可采页岩气资源，$10^{12} ft^3$
美国	1161
中国	1115
阿根廷	802
阿尔及利亚	707
加拿大	573
墨西哥	545
澳大利亚	437
南非	390
俄罗斯	285

　　美国 EIA 于 2011 年首次发布的这项研究评估了 32 个国家的 48 个页岩盆地。而到 2013 年，已经对 95 个盆地和 41 个国家进行了评估。2014 年新增乍得、哈萨克斯坦、阿曼、阿拉伯联合酋国等国家（图 1.4）。

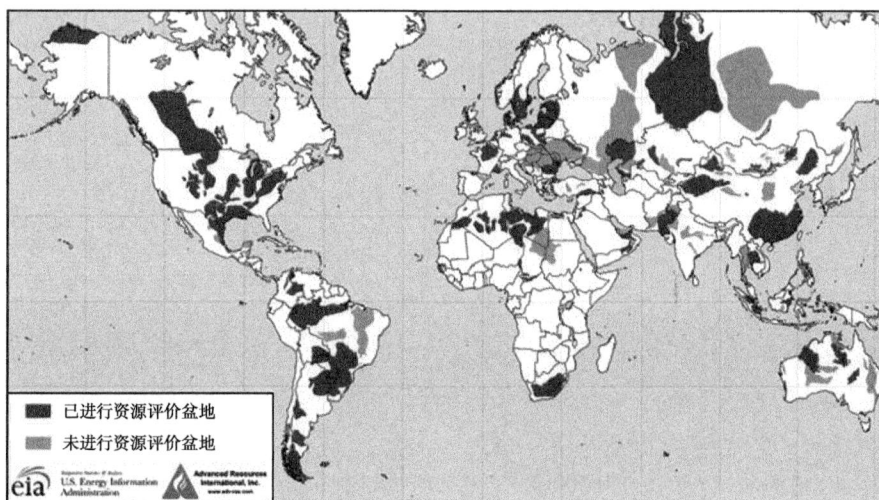

图 1.4　全球页岩气资源（据 EIA，2013）

这项研究给出了各个页岩气资源国技术可采的页岩气储量，并没有考虑技术可采页岩气储量是否具有商业价值。有两类国家可能具有引人注目的页岩气开发潜力。第一类国家包括法国、波兰、土耳其、乌克兰、南非、摩洛哥和智利。这一类国家拥有大量页岩气资源，但是目前这一类国家的天然气产量不足以满足本国的天然气消耗需求（Sakmar，2014）。第二类国家包括美国、加拿大、墨西哥、中国、澳大利亚、利比亚、阿尔及利亚、阿根廷和巴西等国家，它们的页岩气储量很大，而且这些国家拥有页岩气开采基础设施。

1.4 英国页岩气资源量

英国地质调查局（BGS）/英国能源和气候变化部（DECC）2013 年的报告对英国最具潜力地层的页岩气储量进行了估算，即石炭系鲍兰德页岩气地层（表 1.3 和图 1.5）。该地层分为上段和下段——鲍兰德页岩组的上段更具有开发前景，井控程度更高，生产潜力层厚度可达 500ft，与北美的 Barnett 页岩非常相似（Andrews，2013）。然而，下段大部分并未钻井，据估计下段页岩储层包含高达 10000ft 的有机页岩层厚度（Andrews，2013）。与依赖进口相比，英国生产的页岩气将提供更好的供给保障，帮助英国免受全球需求波动、地区不稳定和出于政治动机的天然气供应中断的影响（House of Lords，2014）。

表 1.3　鲍兰德页岩地层天然气总储量（据 Andrews，2013）

位置＼总储量	P90（10^{12}ft^3）	P50（10^{12}ft^3）	P10（10^{12}ft^3）
鲍兰德页岩组上段	164	264	447
鲍兰德页岩组下段	658	1065	1834

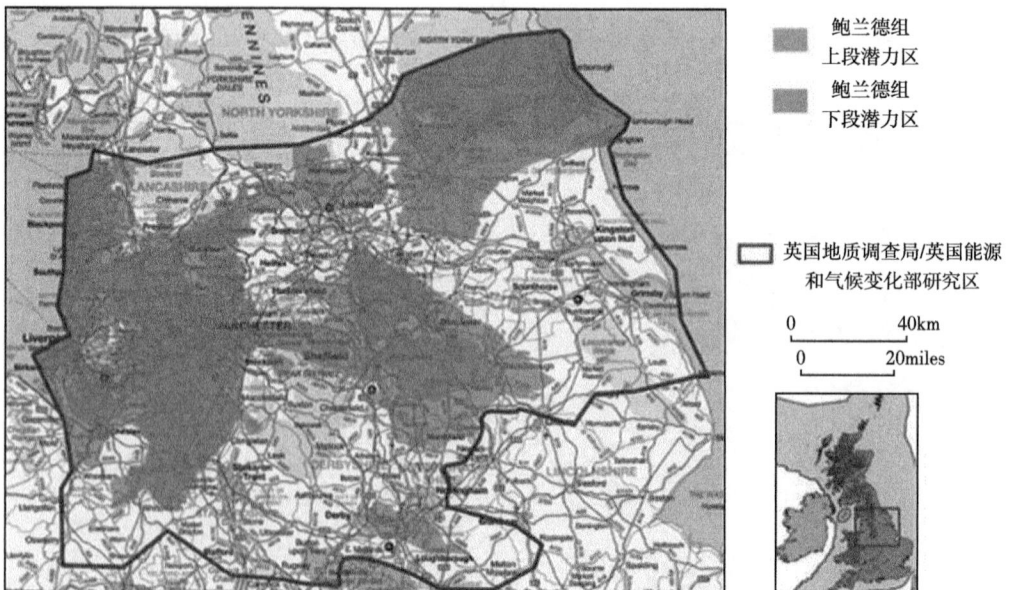

图 1.5　英国鲍兰德组上段和下段（据 Andrews，2013）

然而，目前英国并不能准确预测未来的页岩气产量，因为经济上可开采的页岩气储量规模尚不明确。因此，预计页岩气在 2020 年之前都不会有大规模的产出（House of Lords，2014 年）。

英国/欧盟页岩气资源的不确定性很大，欧洲仅钻探了约 50 口探井（Spencer 等，2014）。英国页岩气开发仍处于早期阶段，勘探不足，没有生产数据。因此，资源估算主要来源于岩心地质资料、地震分析资料和现有常规陆上油气田测井资料（Spencer 等，2014）。与美国相比，英国陆上油气产量较少，地质资料较少。在欧洲页岩气开采缺乏足够数据的情况下，在技术和经济上可以开采的页岩气储量存在相当大的不确定性。还有一些地下因素和地表因素也会影响英国页岩气的生产前景。

可以通过评估地下地质因素来初步评估页岩气的资源量——类似于（Andrews，2013）石炭系鲍兰德—霍德页岩储层资源量评估方法。地下因素（地质/地球化学因素）包括深度、地层范围、厚度、热成熟度、有机质含量、矿物组成（黏土含量高的页岩不易破碎）、压力和孔隙度。这些因素在欧洲的页岩储层中并没有很强的相关性，但上述地质因素也可以概括几点：欧洲页岩通常孔隙体积较小，深度较深，页岩气藏地层压力高，黏土含量较高，这表明美国的钻井技术不能用于开采欧洲的页岩气气藏（Spencer 等，2014）。

页岩气的生产需要服务业的高强度作业，因为需要大量的钻井来实现并维持可观的产量（Spencer 等，2014）。2005—2012 年，美国平均有 1087 个天然气钻井平台在运行（Spencer 等，2014）。这与 2013 年 12 月欧洲天然气钻井平台数量仅为 32 个形成了鲜明的对比，并且欧洲这些钻井平台中只有小部分能够钻水平井和进行压裂（Spencer 等，2014）。

若每年生产大约 $300 \times 10^8 m^3$ 的页岩气，每年需要 700~1000 口井持续生产 20~30 年的时间（Geny，2010）。假设每个钻井平台每年可以钻 6 口井，那么就需要 110~170 个具有水力压裂和水平钻井能力的钻井平台（Geny，2010）。

欧洲页岩气盈亏平衡成本的预测远高于美国和澳大利亚，可能是因为欧洲页岩气开发仍处于评价/勘探阶段（Centrica Energy，2010）。

尽管英国的页岩气开发仍处于探索阶段，但英国政府热衷于利用这种能源来保障本国的能源安全，创造就业（预计 7.7 万个就业岗位），并减少对煤炭的依赖。据英国董事学会（IOD）估计，英国的页岩开发可以提供 7.4 万个就业岗位（House of Lords，2014 年）。英国政府鼓励安全和无害环境的页岩气勘探工作，通过对页岩气资源量的勘探可以帮助政府明确下一步的页岩气发展方向（BEIS，2015）。对能源的需求影响着我们生活的方方面面。英国有超过 1/3 的能源来自天然气，另外 1/3 来自石油，其余能源则来自煤炭（13%）、核能（7%）以及可再生能源（主要是生物质能，风能占 10%）（BEIS，2015）。这些天然气中，只有 2/5 来自北海和爱尔兰海，其余的则需要通过管道从比利时、挪威和荷兰进口，也以液化天然气的形式从卡塔尔、阿尔及利亚、特立尼达和多巴哥以及尼日利亚运输至英国（BEIS，2015）。2014 年，英国近 1/3 的电力来自天然气——英国政府预测，到 2030 年，英国近 3/4 的天然气将依靠于进口（BEIS，2015）。

参 考 文 献

［1］ Andrews IJ (2013) The carboniferous Bowland Shale gas study：geology and resource estimation. British Geological Survey for Department of Energy and Climate Change, London, UK.

［2］ Arogundade O, Sohrabi M (2012) A review of recent developments and challenges in shale gas recovery. In：SPE Saudi Arabia Section Technical Symposium and Exhibition, pp 1-31. https：//doi. org/10. 2118/160869-MS.

［3］ BEIS (2015) Developing shale oil and gas in the UK ［WWW Document］. Department of Business, Energy & Industrial Strategy. GOV. UK. URL https：//www. gov. uk/government/publications/about-shale-gas-and-hydraulic-fracturing-fracking/developing-shale-oil-and-gas-in-the-uk. Accessed 30 Oct 2017.

［4］ Centrica Energy (2010) Unconventional gas in Europe response to DECC consultation. Report number：DECC_Gas_195, Available at：https：//ukccsrc. ac. uk/system/files/publications/ccsreports/DECC_Gas_195. pdf .

［5］ Chan PB, Etherington JR, Aguilera R (2010) A process to evaluate unconventional resources. In：SPE Annual Technical Conference and Exhibition. Society of Petroleum Engineers. pp 19-22. https：//doi. org/10. 2118/134602-MS.

［6］ Chopra S, Sharma RK, Keay J, Marfurt KJ (2012) Shale gas reservoir characterization work flows. In：SEG Technical Program Expanded Abstracts 2012. Society of Exploration. 99：1-5. https：//doi. org/10. 1190/segam 2012-1344. 1.

［7］ Cipolla C, Lolon E, Erdle J, Rubin B (2010) Reservoir modeling in shale-gas reservoirs. SPE Reserv Eval Eng 13：23-25. https：//doi. org/10. 2118/125530-PA.

［8］ EIA (2013) Technically recoverable shale oil and shale gas resources：an assessment of 137 shale formations in 41 countries outside the United States. U. S. Energy Information Administration, 76 pp. URL www. eia. gov/analysis/studies/worldshalegas/.

［9］ Gény F (2010) Can unconventional gas be a game changer in European Gas Markets? The Oxford Institute For Energy Studies, UK.

［10］ Green C (2011) Background Note on Shale gas. A factsheet prepared for DECC about the induced seismicity during hydraulic fracturing at the Preese Hall site. Lancashire, NW England.

［11］ Haskett WJ, Brown PJ (2005) Evaluation of Unconventional Resource Plays. Society of Petroleum Engineers. doi：10. 2118/96879-MS.

［12］ Holden T, Pendrel J, Jenson F, Mesdag P (2015) GEO ExPro—a workflow for success in shales ［WWW Document］. URL https：//www. geoexpro. com/articles/2013/09/a-workflow-forsuccess-in-shales. Accessed 30 Oct 2017.

［13］ House of Lords (2014) The economic impact on UK energy policy of shale gas and oil. 3rd Report of Session 2013-2014. London：Economics Affairs Committee. Available at：https：//publications. parliament. uk/pa/ld201314/ldselect/ldeconaf/172/172. pdf.

［14］ Javadpour F, Fisher D, Unsworth M（2007）Nanoscale gas flow in shale gas sediments. J Can Pet Technol 46：55-61. https：//doi. org/10. 2118/07-10-06.

［15］ Kundert DP, Mullen MJ（2009）Proper evaluation of shale gas reservoirs leads to a more effective hydraulic-fracture stimulation. In：SPE Rocky Mountain Petroleum Technology Conference. https：//doi. org/10. 2118/123586-MS.

［16］ Mallick M, Achalpurkar M（2014）Factors controlling shale gas production：geological perspective factors controlling shale-gas value. In：Abu Dhabi International Petroleum Exhibition and Conference, pp 10-13. https：//doi. org/10. 2118/171823-MS.

［17］ Naik GC（2003）Tight gas reservoirs-an unconventional natural energy source for the future. Accessado em, 1（07）：2008.

［18］ Sakmar S（2014）The future of global shale gas development：will industry earn the social license to operate? In：21st World Petroleum Congress. World Petroleum Congress.

［19］ Selley RC（1987）British shale gas potential scrutinized. Oil Gas J 85（24）：62-64 Selley RC（2012）UK shale gas：the story so far. Mar Pet Geol 31：100-109. https：//doi. org/10. 1016/j. marpetgeo. 2011. 08. 017.

［20］ Energy Institute（2015）A guide to shale gas. London：Energy Inst. Available at：https：//knowledge. energyinst. org/_data/assets/pdf_file/0020/124544/Energy-Essentials-Shale-Gas-Guide. pdf.

［21］ Speight JG（2013）Shale gas production processes. Gulf Professional Publishing, Houston.

［22］ Spencer T, Sartor O, Iddri MM（2014）Unconventional wisdom：an economic analysis of US shale gas and implications for the EU. IDDRI Policy Br 5：1-4.

［23］ Stevens P（2013）Shale gas in the United Kingdom. Chatham House：London, UK.

［24］ Sun H, Chawathe A, Hoteit H, Shi X, Li L（2014）Understanding shale gas flow behavior using numerical simulation. SPE 20：1-13. https：//doi. org/10. 2118/167753-PA.

［25］ Swami V, Clarkson CR, Settari A（2012）Non-darcy flow in shale nanopores：do we have a final answer? SPE Can Unconv Resour Conf 1-17. https：//doi. org/10. 2118/162665-MS.

［26］ The Royal Society（2012）Shale gas extraction in the UK：a review of hydraulic fracturing. Royal Academy of Engineering. https：//doi. org/10. 1016/j. petrol. 2013. 04. 023.

［27］ Wilkinson G（2014）Hydraulic fracturing［WWW Document］. Intermountain Oil and Gas BMP Project. URL http：//www. oilandgasbmps. org/resources/fracing. php.

［28］ Williams-Kovacs J（2012）New methods for shale gas prospect analysis. ProQuest Dissertations & Theses 287.

2 页岩气三维建模技术的挑战

页岩气藏的精确模拟与建模是高效开发页岩气藏的关键。资源估计和产量预测所取得的真实结果，对公司经营及其经济利润都有重大影响。将页岩气藏复杂的渗流机理和储层特征引入到现有的成熟油藏模拟器，用页岩气藏数值模拟器精确预测未来的产量，已成为一项越来越复杂的任务。至今，各领域的研究人员一直试图解决其中一些挑战，包括（但不限于）天然裂缝在模拟器中如何简化并刻画，气体在基质和裂缝中的运移机理，页岩气系统中的吸附和脱附现象，以及水力压裂产生裂缝在页岩储层中的展布走势。本章将概述在页岩气建模方面取得的进展，介绍不同研究人员提出的页岩储层的特有特征，并综述目前最新的页岩气藏数值模拟方法。

2.1 页岩气建模中的天然裂缝

天然裂缝在页岩气藏生产天然气过程中起着重要作用。在这些裂缝发育的地方，必然存在一个广泛的裂缝交叉网络，复杂的裂缝网络对天然气的生产做出贡献。例如，Walton和Mclennan（2013）认为，阿巴拉契亚盆地的泥盆纪页岩裂缝非常发育，裂隙间距为1~10cm，然而密歇根盆地中庭页岩裂缝更加发育，裂隙间距达到1~2ft。

Walton和Mclennan（2013）提出了这样一个问题：如果这些天然裂缝真实存在，那么它们是否是开启的？如果是开启的，它们在闭合应力作用下如何保持开启？根据作者的观点，如果这些天然裂缝的特征就像煤层的层理一样，那么它们在初期是否充满水？以及实际产出的水量是多少？他们普遍相信的一个假设是开启的裂缝内充满气体。

开启的天然裂缝由于其巨大的表面积，对天然气藏开发的贡献较大。然而，Walton和Mclennan（2013）在他们的文章中认为，如此大的表面积对天然气产量的贡献只可能出现在特低渗透的浅层页岩气藏中，而对于更深的页岩气藏则需要更小的表面积。如Barnett，特别是Barnett页岩，由于其天然裂缝较少，人们通常认为，大量的天然裂缝会导致天然气从页岩中被驱替并运移到上覆岩层中。另一部分观点则认为，Barnett页岩气储量巨大，就是因为Barnett页岩天然微裂缝非常发育。

一般来说，储层中基质的储集油气能力远高于裂缝的储集油气能力，在许多页岩气藏中，裂缝往往不含任何天然气。Bai等（1993）认为，与基质的储集能力相比，裂缝系统的储集能力不应该总是被认为是微不足道的，因为在大多数初期产量较高的储层内，大部分天然气储存在裂缝中，因此，经过非常短暂的高产阶段，气体产量总会出现急剧下降。

然而，在水力压裂过程中，压裂液和支撑剂充填开启的裂缝中，此时基质的渗透性则低于裂缝的渗透性。

数值模拟方法中，裂缝性储层主要由双重孔隙/双重渗透率模型和离散裂缝网络模型两种方法进行表征。

2.1.1 双重孔隙/双重渗透率模型

天然裂缝性储层的特征是存在两种不同的渗流介质，即基质和裂缝。Barenblatt等人

（1960）提出，由于天然裂缝性储层存在两种多孔介质，所以称为双重孔隙系统。基质向裂缝供给流体，裂缝与井筒相连，流体从基质流向裂缝，再由裂缝流向井筒，形成连续的流动系统。

　　Warren 和 Root（1963）进一步修正了双重孔隙模型，基质不直接作用于井筒。将该体系视为方形的糖块中存在一组交叉裂缝（图 2.1），利用微分方程和解析方法便能得到井产量的解。

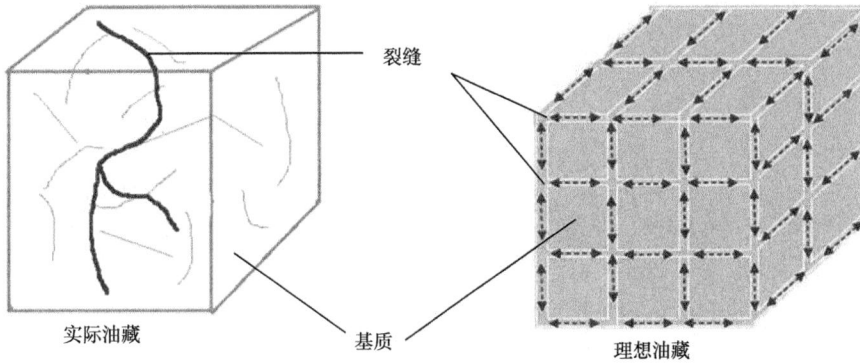

图 2.1　Warren 和 Root 提出的矩形糖块模型

　　Warren 和 Root（1963）假设，不论是符合达西定律条件下基质到裂缝的流动，还是发生在拟稳态条件下基质区域中的流动，区域内压力数值只有唯一值。基质与裂缝之间的压差决定了基质与裂缝间的传质速率，因此，孔间流动主要通过拟稳态和瞬变流两个阶段进行描述。Warren 和 Root（1963）预测，在试井测试数据的半对数坐标图中将显示出两条平行的直线，平行线的斜率表示地层的渗流能力，平行线间的垂直距离表示裂缝的储集能力，如图 2.2 所示。

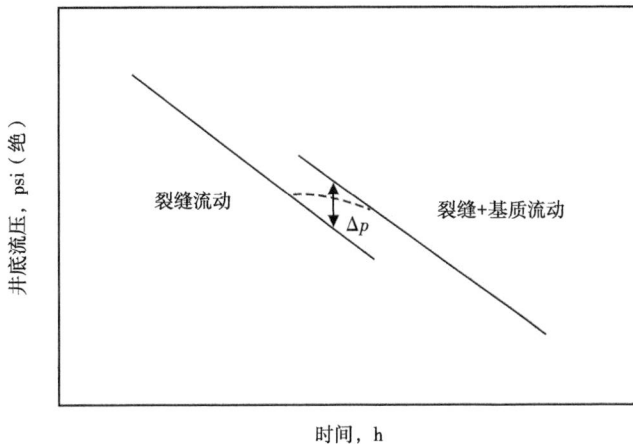

图 2.2　拟稳定状态下基质的流动压力积累曲线（据 Warren 和 Root，1963）

Odeh（1965）开发了一个简化的数学方程模型来描述裂缝性储层的非稳态流动特征。Odeh（1965）对现场的实测的压力恢复试井测试结果进行分析表明，裂缝性储层和均质储层之间没有差别。他的结论与 Kazemi（1969）的结论一致，与 Warren 和 Root（1963）的结果相矛盾，但是在渗透性较高的小体积区块中，他的结果保持一致。Odeh（1965）使用了与 Warren 和 Root（1963）相似的模型，然而他的结果中没有出现如图 2.2 中的两条平行的直线。

Kazemi（1969）将 Warren 和 Root（1963）提出的双重孔隙模型进行了扩展，其中包括了流体再基质中的瞬时流动。Kazemi（1969）的研究成果与双重孔隙模型主要区别在于在基质中使用了瞬变流而非 Warren 和 Root（1963）假设的拟稳态流。

Kazemi（1969）还使用了平板模型（平行裂缝组的薄片）（图 2.3）来描述储层。他发现，对直接流入井内的流体而言，如果没有任何直接的因素影响结果的情况下，便可以获得与 Warren 和 Root（1963）相似的结果，除非由于流体从基质流向裂缝的非持续流动状态出现的光滑过渡带，因此，在过渡时期，流体在基质内的流动被描述为拟稳定状态将产生偏差。

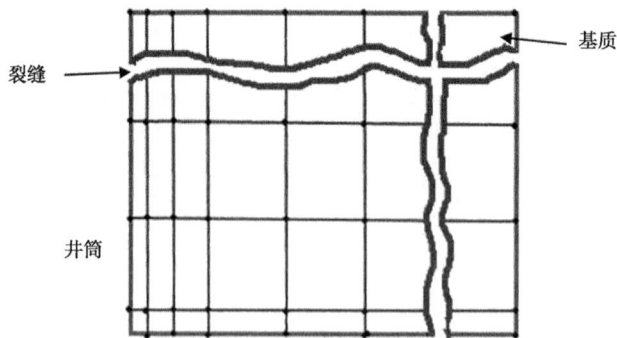

图 2.3　Kazemi（1969）的理想双重孔隙

de Swaan（1976）流体从基质到裂缝流动属于瞬变流，并在此基础上扩展了双重孔隙模型。与 Warren 和 Root（1963）还有 Kazemi（1969）所使用的基质和裂缝的特征参数相反，他通过基质和裂缝的固有特性定义了他的瞬态模型，同时给出了板状基质模型和球形基质模型的解。

Serra 等（1983）也基于瞬变模型描述了流体从基质到裂缝的流动，他们的模型与 de Swaan（1976）的模型非常相似，只是使用了不同的弹性储容比及窜流系数。

Najurieta（1980）根据 de Swaan 微分方程的解，给出了储层裂缝中压力分布的简化解。在基质中流体流动形态是非稳态状态下，他推导得到了过渡期的渗流方程。他还表明，均匀裂缝储层的性质可以用 4 个参数来充分描述，其中的每个参数又是由两个或多个基本储层参数组成，其中基本储层参数共 5 个，包括裂缝和基质的孔隙度、裂缝和基质的渗透率以及裂缝间距。

2.1.2　离散裂缝网络模型

离散裂缝网络模型主要依靠裂缝的空间映射建立一个有相互联系的裂缝网络，这是一个更新的发展。

Dershowitz 等（2004）表示，可将离散裂缝网络模型定义为一种分析和建模，该分析与建模明确地将离散裂缝特征的几何结构及性质作为控制流动和运输的核心部分，并在每个单独的裂缝网络中求解流动方程（McClure 和 Horne，2013）。

离散裂缝网络模型和连续介质模型的区别在于连续介质模型用体积网格块上的平均网格属性表示裂缝特性。

McClure 和 Horne（2013）指出了使用离散裂缝网络模型描述低渗透介质中裂缝网络复杂性的好处。对于低渗透储层，相邻的裂缝之间如果不相交，则大部分不会相互连接。因此，两点之间的流体流动取决于裂缝网络的几何结构，有时距离较远的裂缝之间的连通性甚至大于相邻的裂缝之间的连通性（McCabe 等，1983；McClure 和 Horne，2013）。

使用离散裂缝网络模型的另一好处是可以更精确地描述岩石的应力。根据 McClure 和 Horne（2013）的研究，裂缝拉张或滑动产生的应力在空间分布上非常不均，对邻近裂缝的影响取决于它们的相对方向和位置。离散裂缝网络模型主要分为两类：确定性模型和随机模型。

确定性模型明确规定了单个裂缝在模型中的位置、方向和尺寸。这种模型的难度在于，在复杂的裂缝系统中无法精确地界定储层中每个裂缝的位置和具体特征参数。

随机模型分析了裂缝的某些性质，如裂缝高度、长度、孔径、方向和间距，并且给出了关于裂缝结构的度量规则。采用统计方法随机生成断裂系统的性质。为了准确地描述流体系统，则必须对裂缝网络系统的实际情况进行模拟。

Herbert（1996）表明，在实践中并不总是能够有效地模拟许多实际情况，通常需要从更小的模拟结果样本中估计出更定性的界限。

2.2　页岩中的扩散模型

页岩气藏的主要特征之一气体在孔隙网络中流动。页岩气储层的孔隙在 1~200nm 范围内（Lee 和 Kim，2015）。

Javadour 等人（2007）对 9 个页岩气藏的 152 个岩心样品进行了实验，得出页岩气藏的平均渗透率在 54nD（$5.43 \times 10^{-20} m^2$）左右。

这种纳米孔隙内的气体流动对于页岩气藏的天然气生产和精确模拟至关重要。由于储层中存在纳米孔隙，表观渗透率主要取决于孔隙压力、流体类型和孔隙结构（Guo 等，2015）。

在常规储层中，气体流动是连续的，而在页岩气储层中，除了连续状态外，气体还可以在滑流状态、过渡状态和分子状态下在纳米孔隙中流动（Geng 等，2016）。

流体在常规储层中的流动状态符合达西定律，但是在页岩储层中，达西定理不足以描述纳米孔隙中出现的其他流动状态。

因此，流体在纳米孔隙内部流动时，由于孔隙半径非常小，流体与页岩表面的相互作用会对流体流动产生影响。这与常规储层不同，传统储层的孔隙半径相比于页岩储层大得多，流体流动可以用达西定律来描述。用达西定律计算页岩储层纳米孔隙中的流体流动规律时，会低估流速，因此常规的达西定律不适用于页岩气藏，使用时必须谨慎。

在一定的压力和温度条件下，平均自由程可能超过孔隙的大小，这可能导致气体分子透过孔隙单独移动。当这种情况下，连续流体和网格的概念可能不适用（Lee 和 Kim，2015）。

　　气体通过多孔介质扩散可能会涉及气体分子之间的碰撞以及气体分子与多孔介质壁之间的碰撞。

　　利用克努森数可以区分任何多孔介质中的流体流动形态。克努森数是气体平均自由程与孔径的比值。

$$k_n = \frac{\lambda}{d_p} \tag{2.1}$$

式中　d_p——孔隙直径；

　　　λ——气体平均自由程。

　　k_n 大于 10 表示气体分子与多孔介质壁之间会发生碰撞，此时克努森扩散占主导地位，分子扩散和黏性扩散可以忽略不计。当 k_n 远小于 0.1 时，气体分子间的碰撞和相互作用占主导地位，与分子扩散和黏性扩散相比，克努森扩散可以忽略不计。

　　Rathakrishnan（2013）提出了一个克努森数对应的不同流体流态的表格（表2.1）。

表 2.1　克努森数对应的流体流态

克努森数 k_n	流体流态
（A）$0 \sim 10^{-3}$	连续流/达西流（无滑移流）
（B）$10^{-3} \sim 10^{-1}$	滑流
（C）$10^{-1} \sim 10^{1}$	过渡流
（D）$10^{1} \sim \infty$	自由分子流

　　克努森数在 $0 \sim 10^{-3}$ 之间，连续假设有效，流量可以通过无滑动边界条件下的纳维—斯托克斯（N-S）方程描述。当克努森数为 $10^{-3} \sim 10^{-1}$ 时，可以将流体描述为滑动流，N-S 方程无效。当克努森数为 $10^{-1} \sim 10^{1}$ 时，流量处于被称为滑动和自由分子流之间的过渡区，最后，当克努森数大于 10 时，自由分子状态会遇到气体分子与主导介质壁之间的碰撞（图 2.4）。

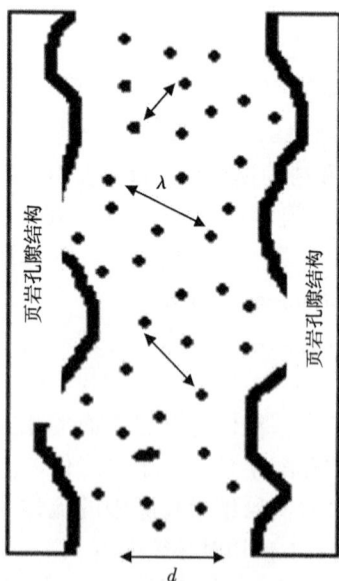

图 2.4　页岩孔隙结构中气体
分子碰撞的示意图

　　由于纳米孔的存在，气体分子与多孔介质壁的碰撞是最主要的，尤其在页岩气储层，这也使得测量页岩储层渗透率成为一个挑战。然而，气体分子自身的碰撞与气体介质表面之间的碰撞相比，气体分子自身之间的碰撞可以忽略不计。对于典型的页岩气藏，克努森数为 $2 \times 10^{-4} \sim 6.0$。如图 2.5 所示，在初始储层压力下，大多数孔隙尺寸都会出现滑动流，随着孔隙压力的降低，过渡流普遍占主导地位。

　　在这种情况下，使用 N-S 方程不再有效。这些方程是由质量守恒、能量守恒和动量守恒的基本原理推导出来。它是基于流体是连续的假设，也就是说，流体不是由离散的粒子组成，而是由连续的物质组成。

根据 Gad-el-hak（1999），N-S 模型忽略了气体和液体的分子性质，并将流体视为在空间和时间上可使用密度、速度、压力、温度和其他宏观流量来描述的连续介质。只有满足牛顿框架（具有牛顿黏度的流体）、连续近似（平均自由程远小于流体导管尺寸）和热力学平衡的三个基本假设时，N-S 假设才有效（Gad El Hak，1999；Moghadam 和 Jamiolahmady，2016）。

许多其他研究人员已修改了 N-S 方程，使 N-S 方程可以适用于滑动边界条件。当 N-S 方程失效时，目前主要使用分子尺度数学模拟方法来解决流体在分子尺度的流动问题。然而，这些模型在模拟气体流动时过于耗时和不现实。这些分子数值模拟的方法包括分子动力学方法（MD）、直接模拟蒙特卡罗方法（DSMC）和线性化玻尔兹曼方程方法（LBE）。

对于滑移边界条件的解释方法有很多，如麦克斯韦滑动法和二阶滑动法。麦克斯韦滑动条件是气体动力学理论中的一阶近似，这被广泛应用于微米和纳米通道的流量预测。

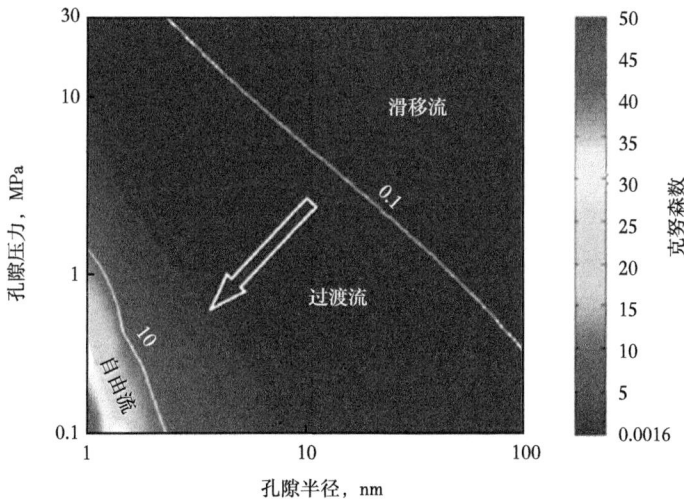

图 2.5　克努森数与孔隙压力大小的等值线图（据 Geng 等，2016）

为了全面地描述流体在致密多孔介质中的流动，建立的模型应该能够解释努森扩散、滑移流以及吸附和解吸过程。因此，页岩纳米孔隙中的气体流动可以用几个模型来描述，这些模型解释了努森扩散、滑移流和解吸作用。

Klinkenberg（1941）进行了实验来解释气体通过多孔介质的渗流现象。他得出气体渗透率是关于平均压力和气体成分的函数，等效液体渗透率独立于平均压力和气体成分。他指出达西渗透率与系统平均压力的倒数之间存在线性关系。

$$K(p_{avg}) = K_D \left(1 + \frac{b}{p_{avg}} \right) \tag{2.2}$$

式中　$K(p_{avg})$——平均压力 p_{avg} 下的气体渗透性；

　　　K_D——达西渗透率或液体渗透率；

　　　b——Klinkenberg 参数。

目前，已经可以用 Klinkenberg 模型计算传统气藏渗透率，并且最近已经应用于孔径为

$1\sim10\mu m$ 的致密气藏。因此，在使用 Klinkenberg 模型时，可以考虑气体分子的滑动效应。

Javadour（2009）利用麦克斯韦理论开发了一个新模型，该模型解释了无滑动边界和克努森扩散。新模型提出了一个方程，该方程是由分子动力学的理论基础推导出来的，但按照达西方程的格式进行编写。JavaDour（2009 年）的研究表明，该型模型可以很容易地嵌入商业油藏模拟器中，以模拟泥岩系统的天然气渗流和运动。Javadour（2009）模型在平均孔径减小时收敛于克努森扩散模型，当孔径增大时收敛于连续介质模型。

$$K_{app} = \frac{2r\mu}{3 \times 10^3 p_{avg}}\left(\frac{8RT}{\pi M}\right)^{0.5} + \frac{r^2}{8}\left\{1 + \left(\frac{8\pi RT}{M}\right)^{0.5}\left(\frac{2}{\alpha} - 1\right)\frac{\mu}{rp_{avg}}\right\} \tag{2.3}$$

式中 K_{app}——直圆柱形纳米管中多孔介质的表观渗透率，与 Klinkenberg 的表观渗透率关系可以写成

$K_{app} = K_D\left(1 + \dfrac{b}{p_{avg}}\right)$，$b$ 表示为

$$b = \frac{16\mu}{3 \times 10^3 r}\left(\frac{8RT}{\pi M}\right)^{0.5} + \left(\frac{8\pi RT}{M}\right)^{0.5}\left(\frac{2}{\alpha} - 1\right)\frac{\mu}{r} \tag{2.4}$$

这个模型很简单，因为它假设气体是没有考虑解吸机理的理想气体。

Azom 和 Javadour（2012）修正了上述方程，以解释多孔介质中的实际气体流动。最后的修正方程与上述方程相同，其中 b 考虑气体压缩系数表示为

$$b = \frac{16\mu c_g p_{avg}}{3 \times 10^3 r}\left(\frac{8ZRT}{\pi M}\right)^{0.5} + \left(\frac{8\pi RT}{M}\right)^{0.5}\left(\frac{2}{\alpha} - 1\right)\frac{\mu}{r} \tag{2.5}$$

当气体是理想气体时，式（2.2）变为式（2.1），因为气体压缩性 $c_g = \dfrac{1}{p_{avg}}$ 和 $Z = 1$。

Civan（2010）基于 Beskok 和 Karniadakis（1999）的微通道管道中稀薄气体流动模型，在二阶滑动近似表示的滑动流假设下开发了一个模型。该模型假定渗透率是固有渗透率、克努森数、稀薄系数和滑动系数的函数。因此，

稀薄系数表示为

$$k = k_D(1 + \alpha_r k_n)\left(1 + \frac{4k_n}{1 - bk_n}\right) \tag{2.6}$$

$$\alpha_r = \alpha_0\left(\frac{k_n^B}{A + k_n^B}\right) \tag{2.7}$$

式中 k_n——克努森数。

该模型的缺点是使用了几个需要进行多次实验得出的经验参数。

Darabi 等（2012）用公式表示了一个与压力相关的渗透函数，称为表观渗透函数（APF）。APF 模型描述了超致密天然多孔介质中的气体流动，该多孔介质由相互连接的弯曲微孔和纳米孔构成。Darabi 等（2012）修改了 Javadour（2009）开发的模型，将表面粗糙度、克努森扩散和滑移流（Maxwell 理论）包括在内。多孔介质中的表观渗透函数 APF 如下：

$$k_{app} = \frac{\mu M}{RT\rho_{avg}} \frac{\phi}{\tau} (\delta')^{D_f-2} D_k + k_D \left(1 + \frac{b}{p} \right) \qquad (2.8)$$

式中　D_k——克努森扩散系数；

　　　δ'——正常分子尺寸（d_m）与局部平均孔径（d_p）的比值，$\delta' = d_m / d_p$；

　　　R_{avg}——平均孔隙半径，近似值为：$R_{avg} = (8k_D)^{0.5}$。

Singh 和 Javadour（2016）提出了一种不同的方法来模拟页岩气储层的表观渗透率。这种方法与早期研究者使用的经验方法不同。该模型名为非经验表观渗透率（NAP），该模型是一个取决于孔隙大小、孔隙几何结构、温度、气体性质和平均储层压力的分析方程。NAP 模型是在不考虑孔壁滑移流假设的情况下推导的。该模型还表明，在页岩气藏开发的全过程中，孔隙表面粗糙度和矿物学对气体流量的影响可以忽略不计。Singh 和 Javadour（2016）模型考虑了多孔介质中的克努森扩散和吸附，但忽略了滑移流。

Singh 和 Javadour（2015）开发了一种新的渗透率模型扩展了页岩气储层表观渗透率测定的分析模型，该模型克服了 Maxwell 滑动条件的缺点，使用现成的 Langmuir 吸附数据确定了气流的滑动系数，还包括了一个更高阶数的气体流动的滑动效应。该模型被称为朗缪尔滑动渗透率（LSP）。LSP 基于考虑了气体表面分子间的相互作用的 Myong（2003）的朗缪尔滑动条件。

Geng 等（2016）基于无吸附和解吸的扩展 Navier-Stokes 方程，开发了一种新的气体流动模型。该模型考虑了所有可能的流型，包括连续流型、滑移流型、过渡流型和分子流型。然而，在不加入吸附或解吸组分的情况下，该模型无法捕捉纳米孔内流动过程的真实现象。

Shabro 等（2012）提出了一种称为有限差分几何孔近似（FDGPA）的有限差分方法模拟多孔介质中的孔隙尺度流体流动。在该模型中，在裂隙空间内定义几何参数来表征孔隙尺度图像。这种方法比需要大量计算的格子玻尔兹曼方法（LBM）平均快 6 倍。

Singh 和 Javadour（2015）在图 2.6 和表 2.2 中总结了描述多孔介质中流体流动的不同模型及其优缺点。

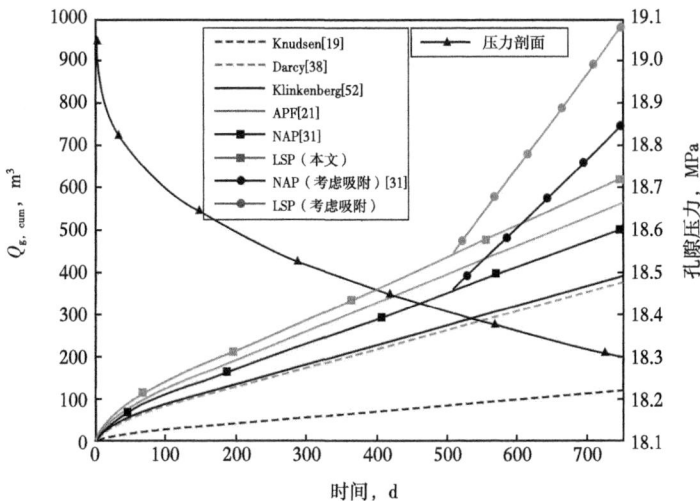

图 2.6　预测累计产气量的不同模型对比（据 Singh 和 Javadour，2015）

2.3　断裂扩张模型

在页岩气储层中，页岩的低渗透性意味着通过常规钻井方法几乎没有或根本没有开采价值。因此，为使流体开始流入井筒，需要复杂的裂缝网络，使气体通过裂缝网络流入井内进行生产。水力压裂是产生这些裂缝的关键，这些裂缝增加了页岩的渗透性，以帮助流体流动。

因此，有必要了解这些裂缝如何通过地层扩散。为模拟页岩气藏中裂缝的扩散，人们开发了各种分析和数值技术。这些模型有时被嵌入数值模拟器中，帮助预测页岩气的产能和开发特征。

水力压裂裂缝的建模需要应用三个基本方程，即连续性方程、动量或裂缝内流体流动方程和线性弹性断裂力学方程（LEFM）。

LEFM 模型，就是利用裂缝宽度和流体压力之间的关系，将连续性方程和流体流量耦合起来。

首次将二维建模技术用于裂缝扩散建模，然而这些模型规定了限制其应用的几个假设。平面三维和拟三维模型的发展有助于克服这一限制，更容易进行计算分析。

所有这些模型都需要明确裂缝的几何结构，包括裂缝的高度、长度和宽度。常用的二维模型有 Perkins-Kern-Nordgren（PKN）、Khristianovic-Geertsma-de-Klerk（KGD）和圆形断裂模型。

表 2.2　页岩气扩散模型综述（据 Singh 和 Javadpour，2015）

模型	描述	优点	缺点
Javadpour（2009）	模型开发采用滑动假设，以麦克斯韦理论为代表，解释了克努森扩散，仅为直毛细管建模	简单	仅限于直管理想气体，忽略去吸附
Civan（2010）	使用滑流假设的模型开发，以简化的二阶滑动模型表示，包含几个经验参数	高阶滑动流	几个经验参数
Darabi 等（2012）	使用滑移流假设的模型开发，以麦克斯韦理论为代表，考虑多孔介质中的表面粗糙度和努森扩散	包括弯曲度和孔表面粗糙度	需要 TMAC 值，理想气体忽略去吸附
Akkutlu 与 Fathi（2011）	模型包括基质/裂缝系统的双重孔隙连续统，其中基质由有机和无机孔隙组成，解释多孔介质中的表面扩散	双重孔隙系统	复杂数值模型
Shabro 等（2012）	利用基于有限差分的数值模型和几何参数重建页岩的孔隙结构，并将其用于孔隙尺度表征，渗透率方程由 JavaPour1 推导而来	包括多孔介质的空间特征和几何结构	复杂的数值模型，理想气体忽略了去吸附，需要 TMAC 值
Sakhaee-pour 与 Bryant（2011）	使用滑流假设进行模型开发，以麦克斯韦理论为代表，说明克努森扩散	包括多孔介质的空间特征和几何结构	需要 TMAC 值，理想气体

续表

模型	描述	优点	缺点
Mehmani 等（2013）	利用 JavaDour 的流动方程建立纳米尺度和微米尺度相互连接的孔隙网络模型	包括多孔介质的空间特征和几何结构	复杂的数值模型，理想气体，忽略去吸附，需要 TMAC 值
Singh 与 Javadpour（2016）	利用纳维-斯托克斯方程和动力学理论（无滑移流假设）建立的模型，说明了克努森扩散、多孔介质和吸附	简单，没有经验系数	忽略滑移流
Rezaveisi 等（2014）	建立了一个数值模型，研究了纳米级孔隙中产生的气体成分随时间的变化，相关物理学包括平流、滑移流和努森扩散	区分不同的气体类型	需要 TMAC 值
Kelly 等（2015）	利用 FIB-SEM 图像叠加重建了页岩的孔隙结构，并利用 LBM 对页岩的物性进行了数值研究，利用压力驱动流进行渗透率估算	包括多孔介质的空间特征和几何结构	复杂的数值模型，忽略滑动、扩散和去吸附
Chen 等（2015）	利用马尔可夫链蒙特卡罗（MCMC）在扫描电镜（SEM）图像上构建了页岩的孔隙结构，并对其进行了孔隙尺度表征。表观渗透性包括平流的流动，克努森扩散和滑动，LBM 用于模拟气流	包括多孔介质的空间特征和几何结构	复杂的数值模型，忽略解吸，几个经验参数
Naraghi 与 Javadpour（2015）	通过随机描述有机和无机孔隙开发的模型，说明滑流，努森扩散、表面粗糙度和去吸附	区分有机物和无机物中不同的孔隙系统，真实气体	需要来自 SEM 图像的其他信息，需要 TMAC 值
Singh 与 Javadpour（2015）	该模型是利用朗缪尔滑动条件建立的，不存在与使用麦克斯韦滑动有关的几个缺点，可靠预测页岩的表观渗透率	简单而分析，从吸附数据中获得滑动系数，真实气体	忽略局部异质性

Howard 和 Fast（1957）开发了裂缝处理的数学模型，假定裂缝宽度在任何位置都是恒定的。之后，越来越多的二维模型被开发出来，如 PKN 和 KGD。一般的二维模型中，裂缝高度通常是固定的，然后计算裂缝宽度和长度。

Perkins 和 Kern（1961）对以前的模型（Nordgren，1972）进行了修改，开发了 PKN 模型来解释流体损失。该模型适用于当裂缝长度大于裂缝高度或长度/高度比较大时。要成功使用此模型需要满足许多假设。Nordgren（1972）、Yew 等（2015）很好的总结了这些假设：

（1）假设裂缝在垂直面处于平面应变状态；

（2）垂直截面为椭圆形；

（3）断裂韧性对断裂几何结构没有影响，因为断裂扩散所需的能量小于流体沿断裂长度流动所需的能量；

（4）垂直裂缝从井中直线延伸；

(5) 限制的垂直高度;

(6) 断裂在垂直方向上呈平面展布;

(7) 各向同性的,均匀的,线性弹性岩体。

PKN 模型主要应用于高度有限、垂直截面呈椭圆的长裂缝。裂缝扩散的椭圆形状意味着同样高度和长度的裂纹宽度不是恒定的 (图 2.7)。

从图 2.7 可以看出,最大裂缝宽度出现在裂缝尖端与井筒接触的位置,而该宽度是关于井筒距离的函数。

$$x_f = 0.68 \left[\frac{GQ_o^3}{(1-v)\mu h_f^4} \right]^{1/5} t^{4/5} \tag{2.9}$$

$$w_0 = 2.5 \left[\frac{(1-v)\mu Q_o^2}{Gh_f} \right]^{1/5} t^{1/5} \tag{2.10}$$

$$p_w = \sigma_3 + 2.5 \left[\frac{G^4 \mu Q_o^2}{(1-v)^4 h_f^6} \right]^{1/5} t^{1/5} \tag{2.11}$$

式中　x_f——裂缝长度的一半;

　　　w_0——最大裂缝开度;

　　　p_w——井筒压力;

　　　G——剪切模量;

　　　Q——液体注入速度;

　　　μ——液体黏度;

　　　t——时间。

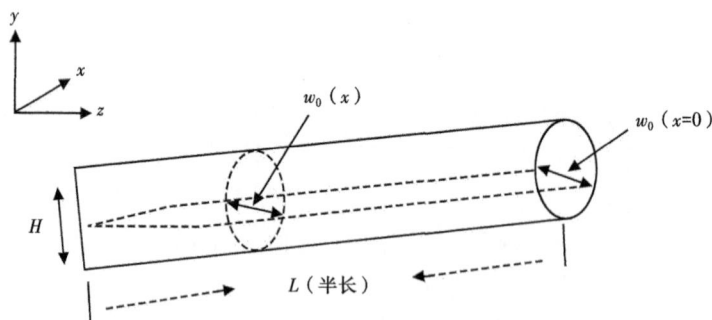

图 2.7　PKN 的示意模型

KGD 模型中的宽度与计算的高度无关,并且平面应变稍方向只有水平方向 KGD 模型通常用于水平截面非常短的裂缝,(Adachi 等,2007)。因此,当裂缝高度大于裂缝长度时,采用 KGD 模型。用于开发 KGD 模型的几何结构如图 2.8 所示。

根据 Geertsma 和 De Klerk (1969),KGD 模型在以下假设中有效:

(1) 垂直裂缝从井中直线延伸;

(2) 裂缝高度受限;

（3）均质、各向同性、线性弹性岩体；

（4）在层流状态下的纯黏性流体；

（5）断裂的截面垂直相交；

（6）水平面上为平面应变环境。

由于假设断裂在水平面处于平面应变条件，KGD 模型最适合长度/高度比小于或接近统一的断裂（Yew 等，2015）。

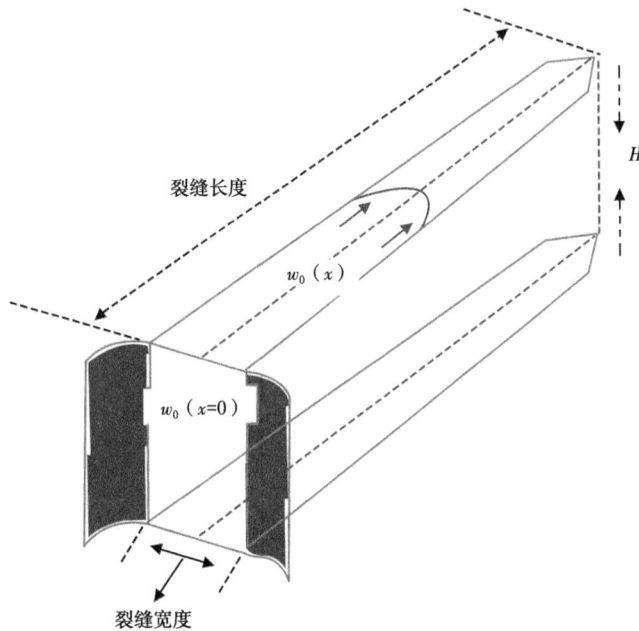

图 2.8　KGD 示意模型

$$x_{\mathrm{f}} = 0.48\left[\frac{8GQ_o^3}{(1-v)\mu h_f^4}\right]^{1/6} t^{2/3} \qquad (2.12)$$

$$w_0 = 1.32\left[\frac{8(1-v)\mu Q_o^3}{G}\right]^{1/6} t^{2/3} \qquad (2.13)$$

$$p_{\mathrm{w}} = \sigma_3 + 0.96\left[\frac{2G^3\mu Q_o}{(1-v)^3 x_f^2}\right]^{1/4} \qquad (2.14)$$

Daneshy（1973）对幂律流体或非牛顿流体的 KGD 模型进行了扩展。他认为，加入非牛顿流体可以更准确地考虑大多数工业流体。通过对垂直水力压裂裂缝所涉及的前提假设进行严格检查，他们发现其中的一些假设条件极大地影响了最终计算结果，且假设条件的存在不一定会影响解决实际问题，KGD 模型的有效性还没有得到有效验证。Daneshy（1973）所做的工作是基于一个新的宽度计算方程和一个数值设计程序。

Settari 和 Cleary（1986）是第一个开发虚拟三维模型（P3D）来描述三维水力压裂的不同几何结构的团队。据 Adachi 等的研究成果（2007 年），P3D 是以最低的计算成本捕捉平面三维水压裂缝物理行为的一种简单但有效的尝试。虽然这种方法可能不如数值模拟器精确，但它所需的计算时间较短，因此开发成本较低。P3D 模型不考虑裂缝几何形状的变化性质，而是通过增加沿裂缝长度的不同高度及其对裂缝宽度的影响来修改二维模型（Rahman 和 Rahman，2010 年）。通常考虑两种类型：集中型和标准单元型（Mack 和 Warpinski，2000）。集中模型假设断裂的垂直轮廓由两个半椭圆组成，两个半椭圆在中心相连（图 2.9a），而标准单元的模型将裂缝视为一系列相连的单元（图 2.9b）。

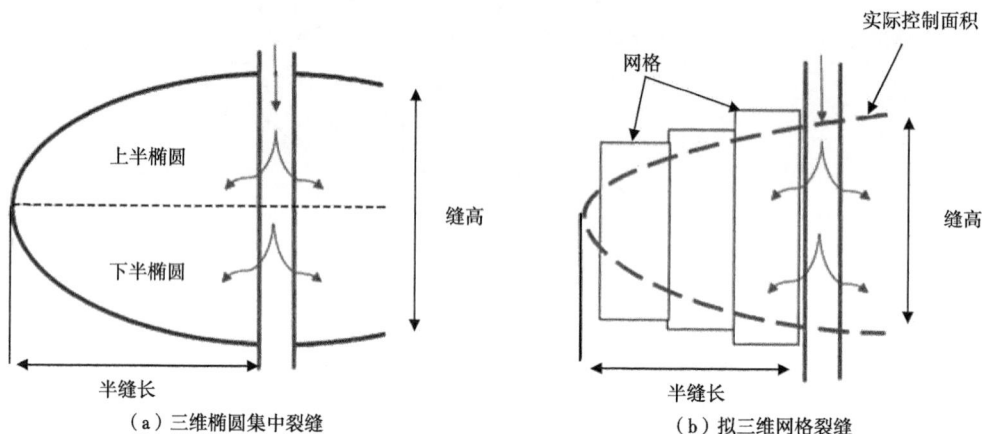

（a）三维椭圆集中裂缝　　　　　　　　（b）拟三维网格裂缝

图 2.9　三维椭圆集中裂缝模型和拟三维网格裂缝模型

　　虽然二维模型很简单，但它们的局限性在于，它们需要由工程师指定裂缝高度，并且假设裂缝是径向的。另一个局限性是，裂缝高度永远不会相同，特别是从井到裂缝尖端。因此使用三维模型和拟三维模型来解决这些局限。

　　对于平面三维模型，裂缝的几何形状由裂缝的宽度和边缘形状决定，而边缘形状由任意井轨迹位置的裂缝高度决定（Mack 和 Warpinski，2000）。平面三维模型通过二维网格（三角形网格或固定矩形网格）来决定裂缝空间展布。平面三维模型也已开发出来，以解决使用 P3D 模型时遇到的一些局限。这些限制的一个例子是，当高度增长不确定时，P3D 模型往往会在数值上产生较大误差。

2.4　页岩的吸附和去吸附模型

　　页岩气藏的气相组成主要由储层基质孔隙网络和裂缝内的游离气以及吸附在页岩基质表面的气体组成。被吸附的气体被认为存在于有机物（干酪根）中。

　　Clarkson 和 Haghshenas（2013）概述了以下天然气储存在煤和富含有机物的页岩中的多种机理。

　　（1）天然气在岩石内表面吸附；

　　（2）常规天然气（压缩气体）储存在天然裂缝和水力（诱发）裂缝中；

　　（3）常规天然气存储于基质孔隙中（有机和无机）；

　　（4）天然气溶解于地层水溶液；

（5）天然气在有机物中的吸附（溶解）。

页岩气的吸附能力取决于比表面积、压力、温度、孔径和吸附亲和力等因素（leah-dios等，2011）。

TOC、黏土和甲烷在固体内表面的吸附能力对所含气体总量有很大的影响（Martin等，2010；Yu等，2014）。页岩中有机质具有较大的表面积和对甲烷的亲和力，被认为具有较强的吸附潜力（Yu等，2014，2015）。

在页岩气藏中，气体分子的吸附和解吸都被认为是可逆的物理过程。

国际理论和应用化学联合会（IUPAC）对 6 种不同类型的吸附进行了分类。在这 6 种类型中，页岩气藏中的吸附作用一般分为 I 型，也称为朗格缪尔等温线。页岩气藏中气体的吸附行为通常用单层朗格缪尔等温线来描述。这意味着有一层分子覆盖在固体表面。

朗格缪尔等温线假设吸附气在等温条件下表现为理想气体。因此，在恒定的温度和压力下，吸附气和非吸附气之间存在动态平衡。

Freeman 等（2012）和 Chao 等（1994）一致认为在朗格缪尔等温线下建立了吸附面与孔隙空间储存的瞬时平衡。

Freeman 等（2012）认为，从建模的角度考虑时，压降和解吸反应之间不存在瞬态滞后。

Chao 等（1994）认为，由于页岩渗透率极低，流经介质的速度极慢，因此瞬时平衡假设是合理的。

朗格缪尔等温线由公式给出：

$$V = \frac{V_L p}{p + p_L} \qquad (2.15)$$

式中 V——吸附气体在 p 压力下的体积；

      V_L——无限压力下的朗格缪尔体积或最大气体吸附量；

      p——恒定的压力；

      p_L——朗格缪尔体积的一半所对应的朗缪尔压力。

这个公式给出了 ft^3/ft^3 中吸附气体的体积。为了将 ft^3/ft^3 的含气量转化为 ft^3/t，则需要页岩的体积密度。

不同的研究人员建立了吸附气体对整体气体采收率的贡献模型，以确定吸附和解吸在采收过程中所起的作用。Cipolla 等（2010）提出，由于岩石的超低渗透性，吸附气体的贡献占整个天然气采收率的比例较低。他们在使用 Barnett 页岩层时观察到，当网络裂缝间距越小时，解吸附效果越差。根据他们的研究，预计气体吸附对气井性能的影响较小，脱附主要发生在气井开采后期，此时致密基质中的压力已经非常低。Frantz 等（2005）也得出结论，在 Barnett 页岩中解吸作用在评价井的性能时不是那么重要。

Mengal 和 Wattenbarger（2011）开发了一种页岩气拟稳态模型（SGPSS）来分析吸附对页岩气田寿命的影响，并且可以利用该模型计算原始气储量（OGIP）。他们发现，在模型中加入吸附气体后，OGIP 增加了 30%，采收率降低了 17%。当考虑吸附气体时，气藏控制储量减少了 5%。Mengal 和 Wattenbarger（2011）也指出，吸附作用在早期贡献很小，但在后期和地层压力较低时贡献显著。

Stephen Brunauer, P. H. Emmet 和 Edward Teller 在 1938 年提出了 BET 等温线,他们假设有机碳表面的吸附层是无限的。与假定单层吸附的朗格缪尔等温线不同,BET 等温线将朗格缪尔等温线的应用扩展到了多层吸附。单层吸附与多层吸附的区别如图 2.10 所示。

在均匀表面、分子间不存在横向相互作用和饱和压力条件等关键假设条件下,层数无限。BET 等温线被认为更适合描述了页岩气藏的吸附过程。

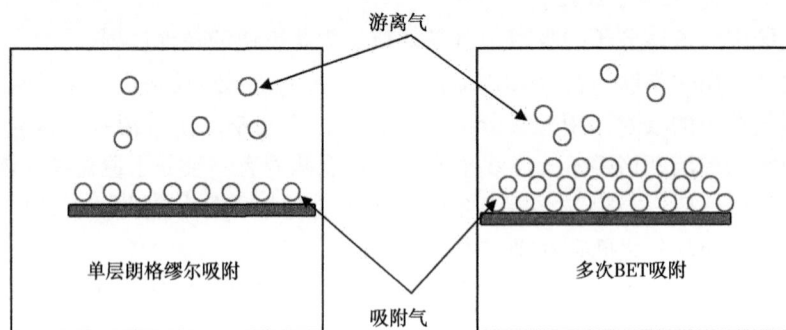

图 2.10 单层和多层朗缪尔等温线

BET 等温线可分为 2 型等温线,它发生在无孔或大孔材料中(Kuila 和 Prasad,2013)。BET 等温线的一般形式可表示为

$$V(P) = \frac{V_m C \dfrac{p}{p_o}}{1 - \dfrac{p}{p_o}} \left[\frac{1 - (n+1)(\dfrac{p}{p_o})^n + n(\dfrac{p}{p_o})^{n+1}}{1 + (C-1)\dfrac{p}{p_o} - C(\dfrac{p}{p_o})^{n+1}} \right] \tag{2.16}$$

式中 V_m——整个吸附剂表面被完全单层覆盖时的最大吸附气体体积;

C——与吸附净热有关的常数;

p_o——气体饱和压力;

n——最大吸附层数。

当 $n=1$ 时,方程简化为朗格缪尔等温线,当 $n=1$ 时,方程简化为

$$v_L = \frac{V_m C p}{(p_o - p)\left[1 + \dfrac{(C-1)p}{p_o}\right]} \tag{2.17}$$

Langmuir 等温线与 BET 等温线的对比图如图 2.11 所示。

Yu 等(2015)首次描述了页岩气藏中甲烷的吸附行为类似于多层吸附。对 Marcellus 页岩岩心样品进行了分析,发现岩心样品偏离朗缪尔等温线,但符合 Brunaeur-Emmett-Teller(BET)等温线。

Yu 等(2015)还发现,遵循 BET 等温线的气体吸附比遵循朗格缪尔等温线的气体吸附更有助于生产。他们还认为,在非常高的压力下,最终吸附在有机碳表面的气体形成多分子层,而朗格缪尔等温线可能不是储存在有机碳表面的气体量的良好近似值。

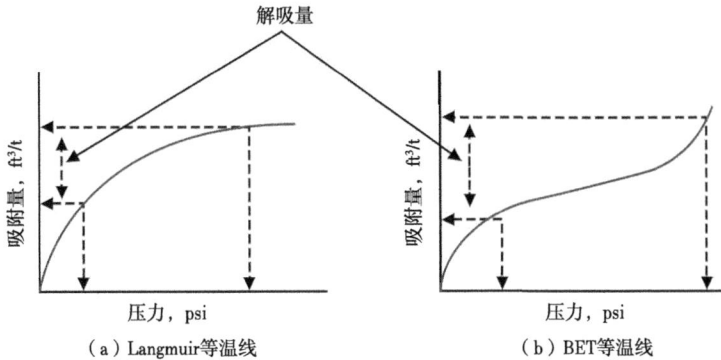

图 2.11 Langmuir 等温线与 BET 等温线对比图

他们还认为，在非常高的压力下，最终吸附在有机碳表面的气体形成多分子层，而朗缪尔等温吸附方程可能不是用于计算储存在有机碳表面气体量的最佳方程。

纯甲烷可能不是唯一吸附在页岩上的组分，还含有二氧化碳、氮气和其他较重的组分。游离气体中含有甲烷的二氧化碳使气体的解吸行为和测量变得更加困难。组分间总是存在对同一吸附位点的竞争。因此，任何气体单独作用时的总体积会更小。

因此，孔隙网络中存在多个组分意味着必须创建一个更好且更具代表性的等温吸附模型。

Leahy-dios 等（2011）建议使用多组分吸附等温线模型。Leahy-dios 等（2011）认为多组分吸附的一般形式是朗格缪尔等温吸附的延伸。他们利用扩展的朗格缪尔等温吸附进行多组分吸附和解吸计算，评价和计算了多组分吸附对 OGIP 的影响。通过提出了一种新的考虑二元相互作用的气体吸附模型，通过计算发现，多组分吸附等温吸附模型计算得到的累计产气量，比传统吸附模型计算得到的累计产气量增加 10%。

Ambrose 等（2011）也提出了一个多组分吸附模型，该模型可用于计算吸附相的组成和数量。由于朗缪尔等温吸附方程在石油工业中被广泛应用，在理想吸附溶液（IAS）和二维状态方程（2D EOS）等多组分吸附模型中，最终推荐扩展朗缪尔等温方程。Ambrose 等（2011）提出了一种将扩展朗格缪尔模型与容量分析和自由气体组分相结合的新的气体方程；这种计算原始天然气储量的新方法与传统方法相比，计算得到的原始天然气储量会减少 20%。

Ruthven（1984）提出了一个表示扩展朗格缪尔等温线的一般方程：

$$V_{\text{ads}, i} = \frac{V_{\text{L}, i}\left(\dfrac{p_i}{p_{\text{L}, i}}\right)}{1 + \sum\left(\dfrac{p_i}{p_{\text{L}, i}}\right)} \tag{2.18}$$

式中　$V_{\text{L}, i}$——组分 i 的朗格缪尔体积；

$p_{\text{L}, i}$——组分 i 的朗格缪尔压力；

$\sum (\dfrac{p_i}{p_{L,j}})$——$i$ 和 j 的所有组分的压力比的总和；

p_i——组分 i 的部分压力。

2.5 页岩渗透率的应力敏感性

在页岩气储层渗透率评价工作中，考虑上覆压力引起的渗透率变化是非常重要的。一般情况下，如果假定常规储层中的岩石具有渗透性，则渗透率数值往往对有效压力不敏感，因为当有效压力增加时，岩石的大孔喉可能不会完全闭合（Faulkner 和 Rutter，1998）。

然而对于非常规储藏如页岩气，小的粒径和小的孔隙空间意味着它们很容易受到压力的影响。因此，渗透率会随着地层压力的变化而发生变化。随着有效压力（即总压力—孔隙流体压力）的增加，孔隙空间最终会完全闭合。

先前的页岩气藏模型忽略了裂缝渗透率应力敏感性对油井产能和最终采收率的影响（Cipolla 等，2009a）。Cipolla 等（2009b）指出闭合应力和杨氏模量会影响裂缝传导率。随着闭合应力升高和杨氏模量的降低，裂缝传导率会极大地降低。他们根据 Barnett 页岩的特征进行了很多模拟，并揭示了裂缝传导率应力敏感对最终采收率的影响。根据他们的结果，对于杨氏模量较低的页岩，闭合应力的相应增大对裂缝传导性的影响较大。

Pedrosa（1986）通过分析求解具有孔隙度渗透率应力敏感性的径向流动方程，得到了应力敏感地层中的压力瞬变响应。在模型中，他将渗透率降低视为有效应力增加的结果。他的模型包含了一个被称为渗透系数的新参数，增加这个参数的目的是说明渗透率与压力的关系。这个渗透系数是渗透率随单位压力变化的变化百分比。

孔隙内流体压力的降低将会增加地层有效应力的作用，这对低渗储层地层的渗透率有很大影响。因此，低渗透储层和裂缝性岩石的一个基本特征是其对有效应力的敏感性，可用孔隙度和渗透率表示（Pedrosa，1986）。

Vairogs 等（1971）进行试验研究，论证了低渗透储层相对于高渗透性储层，其渗透率降低幅度更大。作者提出了一个考虑应力对致密储层渗透性影响的数学模型，并利用这个模型预测渗透率应力敏感条件下的气井产能。

Raghavan 和 Chin（2002）分析了渗透率应力敏感性与产量损失之间的相关性。他们认为这种相关性可以很容易地嵌入油藏模拟器中，并且进行考虑渗透率敏感条件下的气井产量预测。这个结合了地质力学和流体力学的数学模型将产量减少与时间关联起来。他们在模型中使用了线性动量、质量守恒和达西定律三个基本原理来计算压力响应。他们的计算结果说明地层压力下降过快、较高的覆压和较低的初始地层压力，都将引起的较大气井产能损失。

Cho 等（2012）为了验证和校准现有的压力与渗透率的相互关系，开展了很多实验。这些相关性被很多室外例子和综合生产数据证实，结果表明，随着裂缝型储层地层压力的下降，储层渗透率将逐渐降低。然而，作者反对在不考虑天然裂缝与页岩基质之间复杂相互作用的情况下使用渗透率伤害模型。Cho 等（2012）分析中使用的渗透率伤害模型见表 2.3。

表 2.3　渗透率应力敏感性公式（据 Cho 等，2012）

序号	模型	关系式
1	Rutqvist 等（2002）	$K_f = K_{fi}\,e^{c_1\left(\frac{\phi}{\phi_i} - 1\right)}$ ，$\phi = \phi_{r1} + (\phi_i - \phi_{r1})e^{a1\Delta p}$
2	Rutqvist 等（2002）	$K = K_i F_k$ $F_k = \dfrac{[\,b_{max2}(e^{d_2 d_y} - e^{d_2\sigma'yi})\,]^3 + [\,b_{max2}(e^{d_2 d_z} - e^{d_2\sigma'zi})\,]^3}{b_{i2}^3 + b_{i2}^3}$
3	Raghavan 和 Chin（2002）（rock type Ⅰ）	$K_f = K_{fi}\,e^{-d_{f3}\Delta p}$
4	Raghavan 和 Chin（2002）（rock type Ⅱ）	$K_f = K_{fi}(1 - m_{f4}\Delta p)$
5	Raghavan 和 Chin（2002）（rock type Ⅲ）	$K_f = K_{fi}\left(\dfrac{\phi_f}{\phi_{fi}}\right)^n$ with $\phi_f^{\,n+1} = 1 - \dfrac{1 - \phi_f^{\,n}}{e^{\Delta\varepsilon v}}$， $\Delta\varepsilon_v = \dfrac{\alpha_5\Delta p(1 + v_5)(2v_5 - 1)}{E_5(1 - v_5)}$
6	Raghavan 和 Chin（2002），Celis 等（1994）	$K_f = K_{fi}\left(\dfrac{\phi_f}{\phi_{fi}}\right)^n$，$\phi_f = \phi_{fi}\,e^{-d_{f6}\Delta p}$
7	Raghavan 和 Chin（2002），Rutqvist 等（2002）	$K_f = K_{fi}\left(\dfrac{\phi_f}{\phi_{fi}}\right)^n$，$\phi_f = \phi_{fi}F_\phi$，$F_\phi = \dfrac{b_1 + b_2 + b_3}{b_{1i} + b_{2i} + b_{3i}}$， $b = b_{i7} + b_{max7}\left[e^{d_{f7}\sigma'n} - e^{d_{f7}\sigma'ni}\right]$
8	Raghavan 和 Chin（2002），Minkoff 等（2003）	$K_f = K_{fi}\left(\dfrac{\phi_f}{\phi_{fi}}\right)^n$，$\phi_f = \phi_{fi}(1 - m_{f8}\Delta p)$
9	Raghavan 和 Chin（2002），Minkoff 等（2003）	$K_f = K_{fi}\left(\dfrac{\phi_f}{\phi_{fi}}\right)^n$，$\phi = 1 - \dfrac{(1 - \phi_i)}{e^{\varepsilon_v}}$， $\varepsilon_v = \dfrac{\alpha_g\Delta p(1 + v_g)(2v_g - 1)}{E_g(1 - v_g)}$

　　Best 和 Katsube（1995）指出，对于渗透率和地层压力之间的关系是否可以用一个单一的数学表达式来表示还没有一致的定论。但是他们假设，页岩的地层压力和渗透率的关系可以用指数形式表示。

$$K = K_0 e^{-\alpha p_e} \tag{2.19}$$

式中　K_0——大气条件下的渗透率；

　　　p_e——有效压力；

　　　α——渗透率与有效压力曲线的斜率。

　　Gutierrez 等（2000）进行实验研究，描述裂缝渗透性如何随机械载荷的变化而变化，并确定机械变形是否能够完全闭合水力裂缝。实验结果表明，随着正应力的增加，裂缝渗透性降低。但是他们观察到，在这种应力作用下裂缝不会完全闭合，与页岩基质渗透率相比，渗透率仍然较高。

　　Franquet 等（2004）注意到，如果不检测岩石在各种应力状态下的压缩性，渗透率伤害模型可能会产生较大的误差。渗透率应力敏感性的测试数据非常罕见，因此在试井分析中，大多数的渗透性分析都是在假设渗透率恒定的情况下进行的。他们试图用指数型渗透率伤害模型来模拟不同地层压力条件下的渗透率，以评估忽略致密气藏中渗透率应力敏感性引起的误差。因此，这种模拟模型只需要一个参数 γ，即渗透系数，单位是 psi（绝）$^{-1}$。

$$K = K_i e^{-\gamma(p_i - p)} \tag{2.20}$$

式中　K——当前渗透率；

K_i——初始渗透率；

p——当前压力；

p_i——初始压力。

Navarro（2012）对 Bolivia 的 Robore Ⅲ 储层的油井进行现场研究，通过分析压缩性、产量和压力数据，产量递减速度等，研究发现，有效应力增加导致裂缝闭合是产能降低的主要控制因素。天然裂缝的闭合后，页岩储层只存在基质。

Tao 等（2009）采用完全耦合的弹性位移间断法和非线性裂缝变形模型进行数值模拟，分析裂缝性储层裂缝渗透率的变化。他们的研究集中在裂缝上，因为与基质相比，裂缝在应力下更容易发生变化。他们的研究表明，裂缝的渗透性随有效正应力的增加而降低。因此，在各向同性应力条件下，裂缝渗透性降低。Tao 等（2009）指出，裂缝渗透性在生产过程中可能增加，特别是在各向异性应力较高的条件下。

Wu 和 Pruess（2000）通过考虑渗透率的应力敏感性提出了多孔介质瞬态流动的解。他们得到了水平裂缝中的一维单相、微可压缩线性和径向流动条件下的解，观察了压力对渗透性的影响。他们的研究结果还表明，忽略渗透性应力敏感性可能会导致高压操作下的流动行为出现明显错误。

Berumen 和 Tiab（1996）提出了一种新的数值方法来解释人工破碎岩石渗透性变化的影响。考虑渗透率伤害的非线性效应，建立了压力敏感裂缝地层的新型曲线。在评价压裂井时使用常规技术是不够的，会导致评价的不准确。

Wheaton（2017）指出，目前还没有分析推导出页岩渗透率与压力和岩石力学性质之间的关系。因此，Wheaton（2017）试图利用杨氏模量和泊松比，研究页岩渗透率与压力、岩土力学性质之间的关系。通过建立页岩渗透率与压力、杨氏模量和泊松比的简单关系式，他能够根据岩石力学性质预测页岩的渗透率伤害模型。

$$\frac{K(p_i)}{K(p_o)} = \left[1 + \frac{3p_i(1 - 2\nu)}{E\phi_o} \right]^3 \tag{2.21}$$

式中　p_i——初始生产压力；

$K(p_o)$——地表条件下页岩渗透率；

$K(p_i)$——初始生产条件下的预计页岩渗透率；

E——杨氏模量；

ν——泊松比。

但由于缺乏实验数据，无法验证该模型方程，该方程将页岩渗透率与压力的关系作为页岩中杨氏模量和泊松比的函数。

参 考 文 献

[1] Adachi J, Siebrits E, Peirce A, Desroches J (2007) Computer simulation of hydraulic fractures. Int J Rock Mech Min Sci 44: 739 - 757. https://doi.org/10.1016/j.ijrmms.2006.11.006.

[2] Akkutlu IY, Fathi E (2011) Gas transport in shales with local kerogen heterogeneities. In: SPE annual technical conference and exhibition. SPE 146422, p 13. https://doi.org/10.2118/146422-MS.

[3] Ambrose RJ, Hartman RC, Labs W, Akkutlu IY (2011) Multi-component sorbed-phase considerations for shale gas-in-place calculations. In: SPE production and operationssymposium. SPE 141416, pp 1-10. https://doi.org/10.2118/141416-MS.

[4] Azom PN, Javadpour F (2012) Dual continuum Modeling of shale and tight gas reservoirs. Society of petroleum engineers. doi: 10.2118/159584-MS.

[5] Bai M, Elsworth D, Roegiers JC (1993) Modeling of naturally fractured reservoirs using deformation dependent flflow mechanism. In: International journal of rock mechanics andmining sciences & geomechanics abstracts. 30 (7): 1185-1191. Pergamon.

[6] Barenblatt GI, Zheltov IP, Kochina IN (1960) Basic concepts in the theory of seepage of homogeneous liquids in fifissured rocks [strata]. J Appl Math Mech 24: 1286-130338 2 Inherent Defying Features in Shale Gas Modelling.

[7] Berumen S, Tiab D (1996) Effect of pore pressure on conductivity and permeability of fractured rocks. In: Proceedings of SPE western regional meeting, pp 445 - 460. https://doi.org/10.2523/35694-MS.

[8] Beskok A, Karniadakis GE (1999) A model for flflows in channels, pipes, and ducts at micro and nano scales. Microscale Thermophys Eng 3: 43 - 77. https://doi.org/10.1080/108939599199864.

[9] Best ME, Katsube TJ (1995) Shale permeability and its signifificance in hydrocarbon exploration. Lead. Edge 14: 165-170. https://doi.org/10.1190/1.1437104.

[10] Celis V, Silva R, Ramones M, Guerra J, Da Prat G (1994) A New Model for Pressure Transient Analysis in Stress Sensitive Naturally Fractured Reservoirs. Soc Pet Eng doi: 10.2118/23668-PA.

[11] Chen L, Zhang L, Kang Q, Yao J, Tao W (2015) Nanoscale simulation of shale transport properties using the lattice Boltzmann method: permeability and diffusivity Li Chen. Sci Rep25 (7): 134-139.

[12] Chao C, Lee J, Spivey JP, Semmelbeck ME (1994) Modeling multilayer gas reservoirs including sorption effects. Society of Petroleum Engineers. doi: 10.2118/29173-MS.

[13] Cho Y, Apaydin O, Ozkan E (2012) Pressure-dependent natural-fracture permeability in shale and its effect on shale-gas well production. Soc Pet Eng. SPE 159801, 1 - 18. https://doi.org/10.2118/159801-PA.

[14] Cipolla C, Lolon E, Erdle J, Rubin B (2010) Reservoir modeling in shale-gas reservoirs. SPE Reserv Eval Eng 13: 23-25. https: //doi. org/10. 2118/125530-PA.

[15] Cipolla CL, Lolon E, Mayerhofer MJ, Warpinski NR(2009a) Fracture Design Considerations in Horizontal Wells Drilled in Unconventional Gas Reservoirs. Soc Pet Eng. doi: 10. 2118/ 119366-MS.

[16] Cipolla CL, Lolon EP, Erdle JC, Tathed V (2009b) Modeling well performance in shale-gas reservoirs. SPE 125532, pp 19-21. https: //doi. org/10. 2118/125532-MS.

[17] Civan F (2010) Effective correlation of apparent gas permeability in tight porous media. Transp Porous Media 82: 375-384. https: //doi. org/10. 1007/s11242-009-9432-z.

[18] Clarkson CR, Haghshenas B (2013) Modeling of supercritical flfluid adsorption on organic-rich shales and coal. In: SPE unconventional resources conference, pp 1-24. https: // doi. org/10. 2118/164532-MS.

[19] Daneshy AA (1973) On the design of vertical hydraulic fractures. J Pet Technol 25: 83-97. https: //. doi. org/10. 2118/3654-PA.

[20] Darabi H, Ettehad A, Javadpour F, Sepehrnoori K (2012) Gas flflow in ultra-tight shale strata. J Fluid Mech 710: 641-658. https: //doi. org/10. 1017/jfm. 2012. 424.

[21] de Swaan OA (1976) Analytic solutions for determining naturally fractured reservoir properties by well testing. https: //doi. org/10. 2118/5346-PA.

[22] Dershowitz WS, La Pointe PR, Doe TW et al (2004) Advances in discrete fracture network modeling. In: Proceedings of the US EPA/NGWA fractured rock conference, Portland, pp 882-894.

[23] Faulkner DR, Rutter EH (1998) The gas permeability of clay-bearing fault gouge at 20℃. Geol Soc London Spec Publ 147: 147 - 156. https: //doi. org/10. 1144/gsl. sp. 1998. 147. 01. 10.

[24] Franquet M, Ibrahim M, Wattenbarger R, Maggard J (2004) Effect of pressure-dependent permeability in tight gas reservoirs, transient radial flflow. Proc Can Int Pet Conf, 1-10. https: //doi. org/10. 2118/2004-089.

[25] Frantz J, Sawyer W, MacDonald R, Williamson J, Johnston D, Waters G (2005) Evaluating barnett. shale production performance using an integrated approach. Proc SPE Annu Tech Conf Exhib, 1-18. https: //doi. org/10. 2523/96917-MS.

[26] Freeman C, Moridis GJ, Michael GE, Blasingame TA (2012) Measurement, modeling, and diagnostics of flflowing gas composition changes in shale gas wells. SPE 153391. doi: 10. 2118/153391-MS.

[27] Gad-el-hak M(1999)The flfluid mechanics of microdevices—the freeman scholar lecture. Transactions-American Society of Mechanical Engineers Journal of FLUIDS Engineering, 121: 5-33.

[28] Geertsma J, De Klerk F (1969) A rapid method of predicting width and extent of hydraulically induced fractures. J Pet Technol 21: 1571-1581. https: //doi. org/10. 2118/2458-PAReferences 39.

[29] Geng L, Li G, Zitha P, Tian S, Sheng M, Fan X (2016) A diffusion-viscous flflow model

for simulating shale gas transport in nano-pores. Fuel 181: 887-894https: //doi. org/ 10. 1016/j. fuel. 2016. 05. 036.

[30] Guo C, Xu J, Wu K, Wei M, Liu S (2015) Study on gas flflow through nano pores of shale gas reservoirs. Fuel 143: 107-117. https: //doi. org/10. 1016/j. fuel. 2014. 11. 032.

[31] Gutierrez M, øino LE, Nygård R (2000) Stress-dependent permeability of a de-mineralised fracture in shale. Mar Pet Geol 17: 895-907. https: //doi. org/10. 1016/S0264-8172 (00) 00027-1.

[32] Herbert AW (1996) Modelling approaches for discrete fracture network flflow analysis. Dev Geotech Eng 79: 213-229.

[33] Howard G, Fast CR (1957) Optimum flfluid characteristics for fracture extension? In: Proceedings of American Petroleum Institute, pp 261-270. API-57-261.

[34] Javadpour F (2009) Nanopores and apparent permeability of gas flflow in mudrocks (Shales and Siltstone). Soc Pet Eng J 48: 1-6. https: //doi. org/10. 2118/09-08-16-DA.

[35] Javadpour F, Fisher D, Unsworth M (2007) Nanoscale gas flflow in shale gas sediments. J Can Pet Technol 46: 55-61. https: //doi. org/10. 2118/07-10-06.

[36] Kazemi H (1969) Pressure transient analysis of naturally fractured reservoirs with uniform fracture. distribution. https: //doi. org/10. 2118/2156-A.

[37] Kelly S, El-Sobky H, Torres-Verdín C, Balhoff MT (2015) Assessing the utility of FIB-SEM images for shale digital rock physics. Adv Water Resour, 1-15. https: //doi. org/ 10. 1016/j. advwatres. 2015. 06. 010.

[38] Klinkenberg LJ (1941) The permeability of porous media to liquids and gases. Drilling and production practice, pp 200-213. American Petroleum Institute.

[39] Kuila U, Prasad M (2013) Speciffic surface area and pore-size distribution in clays and shales. Geophys Prospect 61: 341-362. https: //doi. org/10. 1111/1365-2478. 12028.

[40] Leahy-dios A, Das M, Agarwal A, Kaminsky RD, Upstream E (2011) Modeling of transport phenomena and multicomponent sorption for shale gas and coalbed methane in an unstructuredgrid simulator adsorbed gas, scf/tonne. SPE Annu, 1-9. https: //doi. org/ 10. 2118/147352-MS.

[41] Lee KS, Kim TH (2015) Integrative understanding of shale gas reservoirs, 1st edn. Springer, Berlin. https: //doi. org/10. 1007/978-3-319-29296-0.

[42] Mack MG, Warpinski NR (2000) Mechanics of hydraulic fracturing. Reservoir stimulation. MJ Economides and KG Nolte.

[43] Martin JP, Hill DG, Lombardi TE, Nyahay R (2010) A Primer on New York's gas shales, pp 1-32.

[44] McCabe WJ, Barry BJ, Manning MR (1983) Radioactive tracers in geothermal underground water flflow studies. Geothermics 12: 83-110.

[45] McClure M, Horne RN (2013) Discrete fracture network modeling of hydraulic stimulation: coupling flflow and geomechanics. Springer, Berlin.

[46] Mehmani A, Prodanović M, Javadpour F (2013) Multiscale, multiphysics network modeling

of shale matrix gas flflows. Transp Porous Media 99: 377 – 390. https: //doi. org/ 10. 1007/s11242-013-0191-5.

[47] Mengal SA, Wattenbarger RA (2011) Accounting for adsorbed gas in shale gas reservoirs. SPE Conf, 25-28. https: //doi. org/10. 2118/141085-MS.

[48] Minkoff SE, Stone CM, Bryant S, Peszynska M, Wheeler MF (2003) Coupled flfluid flflow and geomechanical deformation modeling. J Petrol Sci Eng. 38 (1): 37-56.

[49] Moghaddam R, Jamiolahmady M (2016) Slip flflow in porous media. Fuel 173: 298-310. https: //doi. . org/10. 1016/j. fuel. 2016. 01. 057.

[50] Myong RS (2003) Gaseous slip models based on the Langmuir adsorption isotherm. Phys Fluids. 16: 104-117. https: //doi. org/10. 1063/1. 1630799.

[51] Najurieta HL (1980) A theory for pressure transient analysis in naturally fractured reservoirs. https: //doi. org/10. 2118/6017-PA.

[52] Naraghi ME, Javadpour F (2015) A stochastic permeability model for the shale–gas systems. Int J Coal Geol 140: 111-124. https: //doi. org/10. 1016/j. coal. 2015. 02. 004.

[53] Navarro VOG (2012) Closure of natural fractures caused by increased effective stress, a case study: Reservoir Robore III, Bulo Bulo Field, Bolivia. Soc Pet Eng. SPE 153609, 1-11. https: //doi. org/10. 2118/153609-MS40 2 Inherent Defying Features in Shale Gas Modelling.

[54] Nordgren RRP (1972) Propagation of a vertical hydraulic fracture. Soc Pet Eng J 12: 306-314. https: //doi. org/10. 2118/3009-PA.

[55] Odeh AS (1965) Unsteady – state behavior of naturally fractured reservoirs. https: // doi. org/10. 2118/966-PA.

[56] Pedrosa OA (1986) Pressure transient response in stress–sensitive formations. SPE 15115. https: //doi. org/10. 2118/23312-MS.

[57] Perkins TK, Kern LR (1961) Widths of hydraulic fractures. J Pet Technol 13: 937-949. https: //doi. org/10. 2118/89-PA.

[58] Raghavan R, Chin LY (2002) Productivity changes in reservoirs with stress – dependent. permeability. Soc Pet Eng. SPE 88870, 308-315. https: //doi. org/10. 2118/77535-MS.

[59] Rahman MM, Rahman MK (2010) A review of hydraulic fracture models and development of an improved pseudo-3D model for stimulating tight oil/gas sand. Energy Sources Part A Recover Util Environ Eff 32: 1416-1436. https: //doi. org/10. 1080/15567030903060523.

[60] Rathakrishnan E (2013) Gas dynamics. PHI Learning Pvt. Ltd, New Delhi.

[61] Rezaveisi M, Javadpour F, Sepehrnoori K (2014) Modeling chromatographic separation of produced gas in shale wells. Int J Coal Geol 121: 110-122. https: //doi. org/10. 1016/ j. coal. 2013. 11. 005.

[62] Ruthven DM (1984) Principles of adsorption and adsorption processes. John Wiley & Sons.

[63] Rutqvist J, Wu YS, Tsang CF, Bodvarsson G (2002) A modeling approach for analysis of coupled. multiphase flfluid flflow, heat transfer, and deformation in fractured porous rock. Int J Rock Mech Min Sci 39 (4): 429-442.

[64] Sakhaee – pour A, Bryant SL (2011) Gas Permeability of Shale. Soc Pet Eng. doi:

10. 2118/146944-MS.

[65] Serra K, Reynolds AC, Raghavan R (1983) New pressure transient analysis methods for naturally fractured reservoirs. https：//doi. org/10. 2118/10780-PA.

[66] Settari A, Cleary MP (1986) Development and testing of a pseudo-three-dimensional model of hydraulic fracture geometry. SPE Prod Eng 1：449-466. https：//doi. org/10. 2118/10505-PA.

[67] Shabro V, Torres-Verdín C, Javadpour F, Sepehrnoori K (2012) Finite-difference approximation for flfluid-flflow simulation and calculation of permeability in porous media. Transp Porous.

[68] Media 94：775-793. https：//doi. org/10. 1007/s11242-012-0024-y.

[69] Singh H, Javadpour F (2015) Langmuir slip-Langmuir sorption permeability model of shale. Fuel 164：28-37. https：//doi. org/10. 1016/j. fuel. 2015. 09. 073.

[70] Singh H, Javadpour F (2016) Langmuir slip-Langmuir sorption permeability model of shale. Fuel, 164：28-37.

[71] Tao Q, Ehlig-Economides CA, Ghassemi A (2009) Investigation of stress-dependent fracture permeability in naturally fractured reservoirs using a fully coupled poroelastic displacement discontinuity model. Proc SPE Annu Tech Conf Exhib 5：2996-3003. https：//doi. org/10. 2118/124745-MS.

[72] Vairogs J, Hearn CL, Dareing DW, Rhoades VW (1971) Effect of rock stress on gas production from low-permeability reservoirs. Soc Pet Eng 5：1161-1167. https：//doi. org/10. 2118/3001-PA.

[73] Walton I, Mclennan J (2013) The role of natural fractures in shale gas production. https：//doi. org/10. 5772/56404.

[74] Warren JEE, Root PJJ (1963) The behavior of naturally fractured reservoirs. Soc Pet Eng J 3：245-255. https：//doi. org/10. 2118/426-PA.

[75] Weng X (2015) Modeling of complex hydraulic fractures in naturally fractured formation. J Unconv Oil Gas Resour 9：114-135. https：//doi. org/10. 1016/j. juogr. 2014. 07. 001.

[76] Wheaton R (2017) Dependence of shale permeability on pressure. Society of petroleum engineers. doi：10. 2118/183629-PA.

[77] Wu Y-S, Pruess K (2000) Integral solutions for transient flfluid flflow through a porous medium with pressure-dependent permeability. Int J Rock Mech Min Sci 37：51-61. https：//doi. org/10. 1016/S1365-1609 (99) 00091-XReferences 41.

[78] Yew CH, Weng X, Yew CH, Weng X (2015) Fracturing of a wellbore and 2D fracture models (Chapter 1). In：Mechanics of hydraulic fracturing, pp 1-22. https：//doi. org/10. 1016/B978-0-12-420003-6. 00001-X.

[79] Yu W, Sepehrnoori K, Patzek TW (2014) Evaluation of gas adsorption in marcellus shale. Society of petroleum engineers. pp 27-29. doi：10. 2118/170801-MS.

[80] Yu W, Sepehrnoori K, Patzek TW (2015) Modeling gas adsorption in marcellus shale with Langmuir and BET isotherms. SPE J. https：//doi. org/10. 2118/170801-PA.

3 储层和水力裂缝中页岩气流动特性的数值研究

在本章中，我们将讨论在页岩气数值模拟中使用商业模拟器时经常出现的一些不恰当的假设。对于孔径非常小的页岩气藏，这些假设可能会导致严重的误差。由于页岩气藏地质建模十分复杂，因此，需要在模拟器中使用适当的网格结构。同时，获得合理模拟结果的关键是采用适当的数值方法求解页岩气藏模拟相关的数学方程组。本章回顾了页岩气藏建模的难点，对孔隙网络内瞬时毛细管平衡和孔隙网络基质内非达西流动的概念进行了综述，同时对支撑剂在裂缝内运移的现有理论进行了研究。

3.1 瞬时毛细管平衡

在页岩气藏较小的孔隙网络中，驱替过程可能需要相当长的时间才能达到平衡。在纳米孔隙系统中，将界面之间的传输机制表示为响应外部压力梯度的瞬时传输是不合适的。然而，在大多数商业油藏模拟器中，两种流体的油藏模拟都是在这样一种瞬时毛细管平衡假设下进行的。Devegowda 等（2014）认为在页岩储层中，驱替过程在施加压力梯度下达到平衡需要相当长的时间。因此，对于页岩中的多相流动，瞬时平衡的假设并不准确。此外，由于纳米孔隙的毛细管力较大，甚至与孔隙压力相当，当毛细管力与施加的压力梯度方向相反时，会严重阻碍驱替的进行（Devegowda 等，2014）。图 3.1 为施加的压力、毛细管力和黏性力的差值控制界面速度下的气驱水过程（Devegowda 等，2014）。

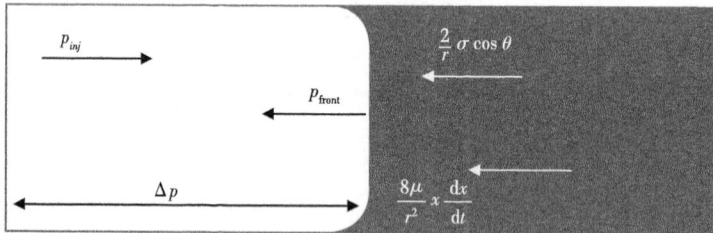

图 3.1　气驱水过程（据 Devegowda 等，2014）

Andrade 等（2010）采用考虑了油水和气水系统非瞬时毛细管平衡影响的数值模拟方法，研究了一个一维锥状的水湿毛细管中界面前缘运动过程，如图 3.2 所示。

气藏压力的降低会导致毛细管内气体压力的降低，并且由于水的压缩性有限，地层水流量小，这可能导致水相驱替气相的速度很慢。因此，如果毛管压力很大，水相压力只能变为负值。所以，页岩储层模拟采用瞬时平衡是不准确的。另外，他们的研究结果表明，在页岩模拟研究中考虑非瞬时平衡时，饱和度剖面发生了显著变化。

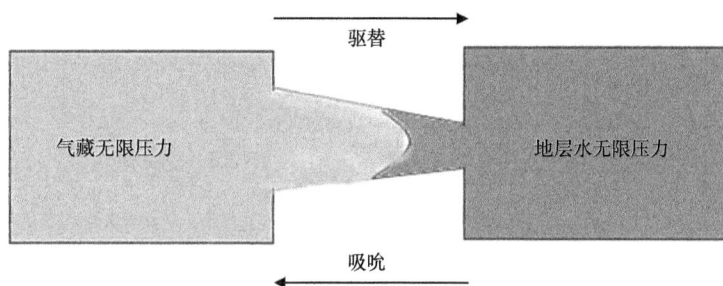

图 3.2　瞬时平衡问题（据 Andrade 等，2010）

3.2　非达西流动模拟

达西定律不适用于模拟页岩基质纳米孔隙内流体的流动。达西定律只适用于有限的流量范围。对于页岩气藏，要通过考虑气体的湍流流动来修正达西公式，特别是在惯性力较高的裂缝中尤其重要。

在气体流量很大或储层裂缝很发育（如页岩气藏）的情况下，使用达西定律来描述流体的流动将导致严重的误差。Nguyen（1986）的研究表明，在某些情况下，使用标准达西流动方程会导致过高的产量预测结果，甚至超过实际产量的一倍。

在这种情况下，需要使用 Forchheimer 方程来处理非达西流动。然而，该方程仅用于描述单相非达西流动，也受限于一定的流速或孔隙类型（Barree 和 Conway，2004）。

Forchheimer 认为，在非常高的流速下，压力梯度与流体速度之间的关系不再是达西定律所描述的线性关系，压力梯度通常高于达西定律的预测。除了可以非线性的渗透率 K 之外，他还引入了第二个比例常数，非达西流动系数 β，方程为

$$-\frac{\mathrm{d}p}{\mathrm{d}x} = \frac{\mu v}{K} + \beta \rho v^2 \tag{3.1}$$

由与 Forchheimer 引入的处理非线性的二次项不能适用于所有数据，Forchheimer 又增加了一个三次项来解释偏差。其他学者如 Barree 和 Conway（2004）也观察到 Forchheimer 方程无法描述所有流速范围。Lai 等（2012）指出，如果不解决这些差异，将会对多孔介质中的流量或压力分布产生显著影响。

$$-\frac{\partial p}{\partial x} = \frac{\mu v}{K} + \beta \rho v^2 + \gamma \rho v^3 \tag{3.2}$$

式中　ρ——液体的密度。

Martins 等（1990）基于实验数据，认为 β 因子在多孔介质中不是恒定的，如图 3.3 所示。因此，对于流量很高的情况下，Forchheimer 方程的预测并不准确。Li 和 Engler（2001）回顾了非达西系数在单相和多相情况下的相关研究。综述了并联型和串联型模型。在并联型模型中，假定多孔介质由等直径的、平行的毛细管构成（图 3.4a）。而对于串联型模型，假设孔隙空间为串联排列（图 3.4b）。下面给出了并联型模型（Irmay，1958）和串联型模

型（Scheidegger，1974）的非达西系数的推导。

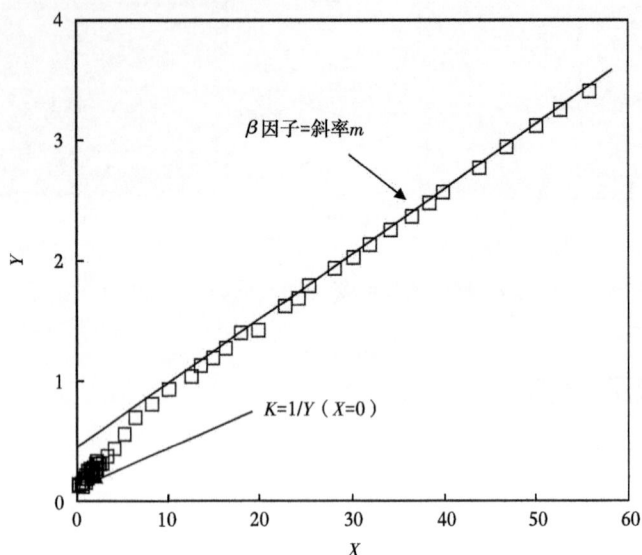

图 3.3　β 因子与实验数据拟合图（据 Lai 等，2013；马丁斯等，1990）

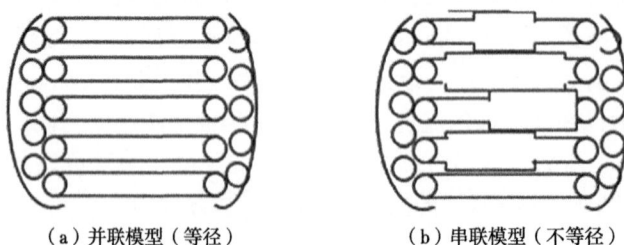

（a）并联模型（等径）　　　　（b）串联模型（不等径）

图 3.4　并联和串联模型示意图（据 Li 和 Engler，2001）

$$\beta = \frac{c}{K^{0.5}\phi^{1.5}} \quad \text{并联型模型} \tag{3.3}$$

$$\beta = \frac{c''\tau}{K\phi} \quad \text{串联型模型} \tag{3.4}$$

式中　c——常数；

c''——与孔隙大小分布有关的常数；

ϕ——孔隙度；

τ——弯度；

K——渗透率。

Li 和 Engler（2001）还回顾了单相和多相非达西系数的经验相关关系。

在单相下，Cooke（1973）通过渗透率预测非达西系数，研究了非达西流动对支撑裂缝的影响。

$$\beta = bK^{-a}$$

式中　a，b——支撑剂类型实验确定的常数。

　　Geertsma（1974）提出了一种基于未固结和固结介质测量数据推导出的非达西系数，从而建立了单相系统的相关关系。他提出 Irmay（1958）开发的并联型模型不适用于固结材料，而是适用于未固结材料。因此，从他的经验公式，发展了一个非达西系数为

$$\beta = \frac{0.005}{K^{0.5}\phi^{5.5}} \tag{3.5}$$

　　Liu 等（1995）将多孔介质的弯度对非达西系数的影响纳入非达西系数中，建立了非达西流动系数的相关关系式。

$$\beta = 8.91 \times 10^8 K^{-1}\phi^{-1}\tau \tag{3.6}$$

　　Liu 等（1995）认为 Geertsma 的非达西系数公式是不准确的，Geertsma 方程与其他研究人员获得的实验数据有较大误差。

　　Geertsma（1974）还提出了两相体系中非达西流动系数的相关关系式，其中渗透率在一定含水饱和度下被有效渗透率所代替，孔隙度被气体所占孔隙率所代替，如式（3.7）所示：

$$\beta = \frac{0.005}{K^{0.5}\phi^{5.5}} \cdot \frac{1}{(1 - S_{wr})^{5.5}K_{rel}^{0.5}} \tag{3.7}$$

式中　S_{wr}——残余水饱和度；

　　　　K_{rel}——相对气体渗透率。

　　许多学者针对多相流问题，提出了多种模型。Bennethum 等（1997）推导了一个广义的 Forchheimer 方程来描述单相和多相流动。

　　Ewing 等（1999）建立的数值模型描述了均质多孔介质中的非达西流动。对于大流量井，使用有限差分、Galerkin 有限元和混合有限元技术改进的 Forchheimer 方程描述井内流体的流动。Ewing 等（1999）发现井底压力受 Forchheimer 系数的影响较大，因此，为提高非达西流动情况下数值模拟的准确性，应采用基于现场实测的 Forchheimer 系数。

　　Barree 和 Conway（2004，2009）提出了一种不依赖于恒定渗透率或恒定 b 假设的新模型。虽然达西定律仍然适用，但 Forchheimer 工作中的常数被引入到一般非线性函数中（Barree 和 Conway，2009；Lai 等，2013）。该模型可以用达西渗透率和常数 T 来描述，因此根据作者的观点，通过选择 K_d 和 T 的正确值，整个多孔介质可以用达西定律中表征渗透率的一般方程来描述。

$$\frac{\partial p}{\partial L} = \mu v / K_d \left[k_{mr} + \frac{(1 + k_{mr})}{\left(1 + \dfrac{\rho v}{\mu T}\right)} \right] \tag{3.8}$$

式中　K_d——恒定达西渗透率，D；

　　　　k_{mr}——最小渗透率相对于达西渗透率。

Barree 和 Conway（2009）进一步推导出一种新的求解非达西流动的 Forchheimer 方程。Wu 等（2011）随后对 Barree 和 Conway（2009）多孔介质多相流模型进行了扩展和讨论。Wu 等（2011）提出了一种将 Barree-Conway 模型（BCM）与常规油藏模拟软件相结合，模拟多孔介质中多相非达西流动的数学和数值模型。

Choi 等（1997）证明了达西定律不适用于裂缝系统。他们提出在裂缝中使用 Forchheimer 模型，同时在基质中使用常规达西定律，而不是使用传统的双孔/双渗公式。但 Choi 等（1997）模型只适用于单相流。

Belhaj 等（2003）提出了一种描述多孔介质非达西流动的综合数值模拟和实验模型。这是通过对非达西系数 β 的仔细选择而实现的。研究表明该数值模型对单相流和多相流都是适用的。

Al-otaibi 等（2011）根据 Forchheimer 和 BCM 建立了一个三维数值模型，专门用于孔隙和裂缝性油藏单相流体流动的压力瞬态分析。根据非达西渗流的表观渗透率，推导了相应的非达西渗流系数。该模型能够模拟所有与非达西流动行为耦合的近井效应。

Rubin（2010）在一个 SRV 复杂裂缝模型中，使用精细网格化的单井对达西和非达西流动进行了模拟研究。并与标准双渗透模型、MINC 模型和 LS-LR-DK 模型进行了比较。Rubin（2010）发现非达西渗流修正因子 k_{corr} 可以在宽达 2ft 的裂缝中精确模拟非达西渗流，因此将 LS-LR-DK 模型与该修正因子相结合，可以精确匹配实际生产动态。然而，这种模拟模型的只能描述单相流体流动，并且这种模型不能考虑解吸作用。

3.3 支撑剂运移描述方法

由于水力压裂所产生裂缝网络十分复杂，裂缝网络中的支撑剂将严重影响天然气的产量。支撑剂被泵入压裂液中以支撑裂缝张开，从而提高了裂缝的导流能力。如果没有支撑剂，一旦停止压裂液的注入，流体压力降低，裂缝就会自动闭合。支撑剂在裂缝网络中的位置很难预测，特别是在复杂裂缝网络的情况下，因此支撑剂运移模型的建立是巨大的挑战。根据 Cipolla 等（2009）的研究，在表征诱导裂缝网络的流量或导流能力时，需要确定以下三个关键参数：支撑剂在裂缝网络中的位置、支撑裂缝的导流能力和无支撑剂填充裂缝的导流能力。

Cipolla 等（2009）讨论了支撑裂缝和无支撑剂填充裂缝导流能力对页岩气产能的影响。他们设计了两种不同的例子（图 3.5）。一种是支撑剂均匀分布在复杂的裂缝网络中。这种情况支撑剂的作用很小，因为只有有限的支撑剂能够有效支撑大型裂缝网络，其余的支撑剂无法产生作用。另一种是增加原生裂缝中支撑剂的浓度，其结果是原生裂缝的导流能力大大提高，裂缝网络与井筒之间的连接也更加紧密。

支撑剂运移的数值模拟有多种方法，其中最常见的两种数学模型是 Eulerian-Eulerian 和 Eulerian-Lagrangian 模型（Shiozawa 和 McClure，2016；Tsai 等，2013；Zhang 和 Chen，2007）。

Zhang 和 Chen（2007）认为 Eulerian 方法将颗粒相视为一个连续体，并在类似于流体相的控制体积基础上建立了其守恒方程。相反，拉格朗日方法将粒子视为一个离散相，并跟踪每个粒子的路径。Zhang 和 Chen（2007）认为，两种方法都可以预测稳态粒子浓度分布，但拉格朗日方法计算量较大。

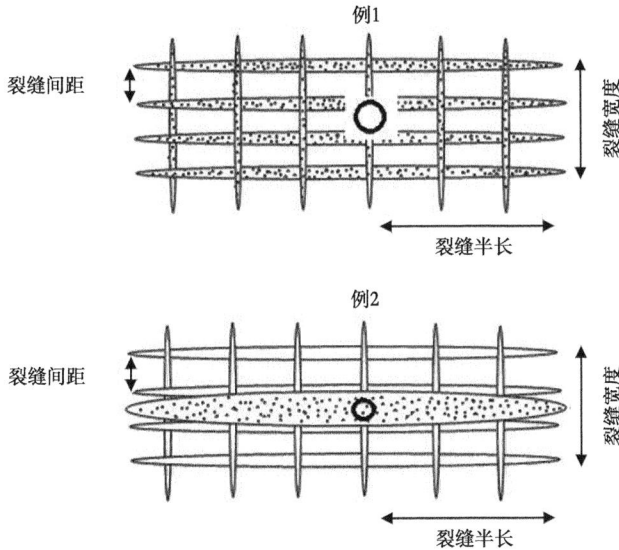

图 3.5　支撑剂运移示意图（据 Cipolla 等，2009）

Dontsov 和 Peirce（2015）通过数值模拟方法建立了支撑剂在水力裂缝中的运移模型，能够求解支撑剂在裂缝中的重力沉降和裂缝尖端效应的问题。通过数值模拟方法的计算结果可以知道，支撑剂由于重力沉降机理，能够在储层中被捕获并且堆积和生长。研究结果表明，利用 KGD 和 P3D 的裂缝几何形状，可以得到支撑剂段塞的形成和生长以及重力沉降过程。该模型的局限性是无法解决重力沉降引起的不对称性。作者认为可以在全平面三维裂缝扩展模型中加入支撑剂运移的计算模块解决上述问题。

基于 Dontsov 和 Peirce（2015）的方法，Shiozawa 和 McClure（2016）利用 Eulerian-Eulerian 模型对支撑剂在三维水力压裂中的运移进行了数值模拟。他们对复杂网络中水力裂缝扩展的模拟表明支撑剂在天然裂缝和水力裂缝之间的交叉处倾向于积聚。对于低渗透性地层如页岩，由于支撑剂在裂缝闭合之前就会由于重力作用会迅速沉降，因此，支撑剂的沉降是放置支撑剂时遇到的主要问题。

3.4　结构化网格和非结构化网格

页岩气藏很难用常规方法对其进行建模。在常规油藏建模中广泛应用的直角网格不能很好地适用于页岩气裂缝性储层等具有复杂地质构造的非常规储层。这些储层内部往往存在非平面和非正交裂缝网络。因此，在数值模拟模型中模拟裂缝几何形状是巨大的挑战，往往需要非结构化网格。Moridis 等（2010）认为页岩气的裂缝系统包括天然微裂缝和人工压裂裂缝，压裂施工措施时，不仅会生成一条主要的裂缝，而且还会产生很多次生裂缝。为了简化数值模拟，假设这些裂缝是平面的和正交的，这些简化的裂缝可以用笛卡尔网格或结构网格表示。对基质和裂缝系统进行建模时，采用常规油藏模拟方法（笛卡尔网格法）模拟超致密的页岩内的流体流动是十分复杂的工作。由于页岩气藏地质特征十分复杂，在数值模拟中，需要花费大量的精力和时间来表征页岩气藏储层。因此，结构化网格在过去大多只用于表征简单的常规储层。

Aziz 和 Settari（1979）是少数几个在油藏模拟中使用结构化网格的人之一，后来，Heinemann 等人（1991）和 Nacul（1991）采用适应局部网格细化的方法对结构化网格进行了扩展，结构式笛卡尔网格及其局部细化如图 3.6 所示。

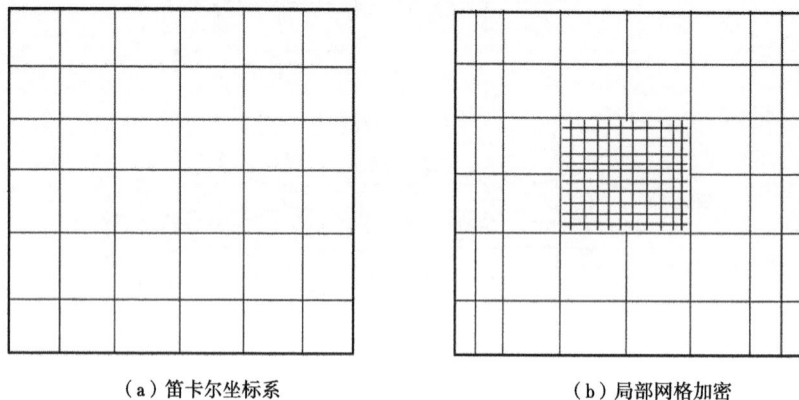

（a）笛卡尔坐标系　　　　　　　　（b）局部网格加密

图 3.6　笛卡尔坐标与局部网格细化（LGR）

在建立页岩气储层时，结构化网格在计算时间和效率方面被认为是最佳的，并且笛卡尔网格方法已经广泛应用于复杂几何形状建模。该方法允许流动方程的简单和均匀离散化。然而，由于该方法的灵活性有限，不能准确地表征如页岩气藏中的各种裂缝几何形状等复杂的地质特征。

局部网格细化方法和九点差分格式（Heinemann 等，1991）使得笛卡尔结构化网格技术的性能得到了提高。

Heinemann 等（1991）首次在石油行业中引入 Voronoi 或 perpendicular bisector（PEBI）网格的概念。这些网格由连接相邻中心连线的垂直平分线构成（Heinemann 等，1991）（图 3.7）。

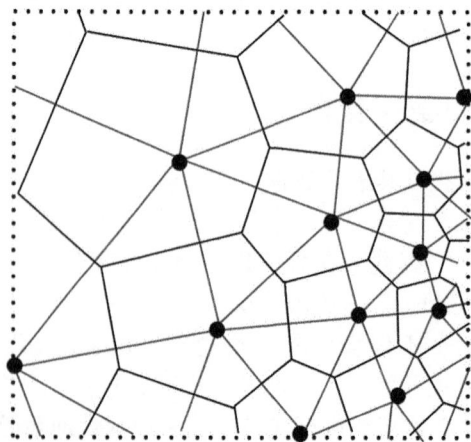

图 3.7　非结构化 PEBI 网格和 Delaunay 三角剖分（红色三角形）（据 Sun 等，2016）

PEBI 或 Voronoi 网格具有一个特性，即网格点可以在域内的任何地方指定，而不管其他任何点的位置如何（Palagi 和阿齐兹，1994）。PEBI 或 Voronoi 网格的这一特性使其应用在石油工程、数学和物理学的许多研究领域中得到广泛应用。

Zhang 等（2015）建立了基于非结构 PEBI 网格的页岩气藏非达西流动和多组分吸附的组分模型。该模型考虑了非达西流动的特征，包括滑移流、过渡流和自由分子流。相比于使用笛卡尔网格方法描述页岩气储层，使用非结构网格描述页岩储层更具优势，非结构化网格具有以下优点：

（1）灵活性。非结构化网格可以更容易地表示复杂的边界，比如地层中的尖灭和断层。

（2）局部细化。由于 PEBI 网格的灵活性和任意性，使得在井周围等局部区域对网格进行细化要容易得多。

（3）网格方向。非结构化的六边形网格与结构化网格相比，网格方向不太重要。

（4）离散和求解渗流方程简单性。非结构化网格可以很容易地用有限体积法离散和求解方程。

Sun 等（2016）提出了一种可以处理非正交和非均匀孔径的新的非结构化网格和离散化工作流程，从而应用非结构化网格生成复杂裂缝网络，可以处理非正交和非均匀孔径。Sun 认为网格的细化还可以进一步的提高模拟结果的准确性。从 CPU 性能和模拟结果的准确性来看，非结构化网格如 PEBI 确实是一种较好的网格划分方法。

3.5 有限差分法、有限元法和有限体积法

油藏数值模拟是由数学方程表示的，这些方程往往不能用解析方法求解。通常使用数值方法求解数值模拟渗流方程。自 20 世纪 50 年代以来，数值方法常用来为非线性偏微分方程提供近似解，数值方法已被用于求解大多数油气藏中复杂的流体流动问题。石油工业中常用的数值方法有限差分法（FDM）、有限元法（FEM）和有限体积法（FVM）。

3.5.1 有限差分法

这是油藏模拟中最常用的数值方法。该技术包括离散连续常微分方程和偏微分方程。有限差分法可以求解多孔介质中流体流动的非线性偏微分方程组。有限差分法是通过将有限差分网格叠加到要建模的油藏上实现的。在每个边界点，利用每个网格的压力数值计算该网格的流量。这意味着网格点在空间中的分布和网格边界相对于网格点的位置会影响有限差分的精度（Nacul，1991）。数值模拟中的连续方程可以在空间上用导数进行近似，通过泰勒级数展开的方法（Ertekin 等，2001）求解未知变量（通常是压力）。有限差分法通常被认为比有限元法更快，而且易于实现。它主要由矩形矩阵表示，也可以使用曲线坐标。有限差分法在从一维到二维和三维的推广简单易行，有限差分法是一种非常优越的方法，但也存在一些附加问题，如数值耗散和网格依赖的问题（Firoozabadi，1999）。

3.5.2 有限元法

在数值模拟中，有限元法比有限差分法更为精确。有限元模拟得到的是线性近似解，而不是分段常数近似解（Jayakumar 等，2011）。在油藏模拟中使用有限元法的一个优点是，

有限元方法既适用于四角网格的计算也适用于其他非结构化网格的计算。它甚至能够捕捉到流经基质到裂缝的微小流动细节。洛根等（1985）认为，有限元法在处理复杂的储层几何形状时具有良好的效率和灵活性。

Jayakumar 等（2011）利用有限元方法对 Haynesville 页岩气井进行了数值模拟计算。利用有限元数值模拟的方法，成功地模拟了页岩气从储集层到裂缝面的微观流动。Jayakumar等（2011）认为，虽然可以使用传统的数值模拟器对页岩气流动进行显式求解，但平均网格大小和最小网格孔隙体积之间的巨大差异将导致计算过程很难收敛，无法得到计算结果。

3.5.3 有限体积法

与有限元方法相比，有限体积法是一项油藏数值模拟方法中用于解决复杂几何形状问题的新技术。与有限元和有限差分方法相比，有限体积法在离散化方法方面具有巨大优势（Neyval 等，2001），有限体积法的计算速度更快，也更容易收敛，同时与有限差分法相比，有限体积法计算结果更加精确，适用性也更强。

3.6 页岩储层数值模拟器

目前，已经研发出了几种能够模拟页岩气的开发过程的数值模拟器，这些油藏数值模拟器可用于页岩气生产历史拟合，也可以用于模拟流体在复杂裂缝网络中的流动。尽管这些模拟器在页岩气藏数值模拟方面取得了成功，但它们并没有解决本章所指出的所有存在的问题。因此，值得注意的是，在使用这些数值模拟器时，必须首先了解这些模拟器的前提假设条件。下面介绍了一些广泛应用于页岩气模拟的商用模拟器，由计算机建模集团（CMG）开发的 CMG/GEM™，由斯伦贝谢开发的 Eclipse 300™，由 Advanced Resources International Inc. 开发的 COMET3™，由 PHH petroleum consultants 开发的 GCOMP™。非商业模拟器包括得克萨斯大学的 UTCHEM™ 和宾夕法尼亚州立大学的 PSU-COALCOMP™（Andrade 等，2011）。这些模拟器主要以单组分或多组分流体的形式模拟气体吸附。几乎所有上述的商业数值模拟器都具有采用单组分朗格缪尔等温吸附方程和多组分朗格缪尔等温方程对气体吸附进行描述和计算。PSU-Coalcomp 模拟器还可以使用理想吸附溶液（IAS）模拟多组分气体吸附。在储层表征方面，现有的数值模拟软件可以使用单孔数值模拟方法（SP）、双孔-单渗数值模拟方法（DP-SK）和双孔-双渗数值模拟方法（DP-DK）来表征页岩气储层的特点。

Andrade 等人（2011）对目前主流的应用最为广泛的页岩气模拟的数值模拟软件进行了概述，详细介绍了每种页岩气数值模拟器的特点。(表 3.1)。

表 3.1　页岩气藏数值模拟软件概述

软件	商业	非商业	维数	数值解	解析解	方程类别	单相	多相	单井	多井	固体吸附模型	组分模型	储层模型	瞬时吸附	非稳态	拟稳态	EOS	采收率提高	LGR
ECLIPSE	X		3D	X		全隐式, IMPES, AIM		X		X	Ext. Langmuir	Eclipse 300	SP, DP-SK, DP-DK	X	X	X	P-R, R-K, S-R-K, Z-J-R-K	X	X
CMG	X		3D	X		显式, 全隐式, AIM		X		X	Ext. Langmuir	GEM	TP-DP, DP-DK, MIC, subdomain, DP		X	X	P-RS-R-K	X	X
UTCHEM		X	3D	X		IMPES		X		X	Langmuir isotherm	X	TP-DK DP-DK		NR	NR	—	NR	X
PMTx	X		不适用		X	N/A	X				X	NR	DP		X	X	Dranchuk and Abou-Kassem	N/A	N/A
COMET3	X		3D	X		全隐式		X		X	Ext. Langmuir	X	TP-DK		X	X	—	X	X
PSU-COALCOMP	X	X	3D	X		全隐式		X		X	IAS/Lang. Isotherm	X	DP-DK, TP-DK	NR	NR	NR	P-R	X	NR
GCOMP	X	X	3D	X		无记录		X		X	NR	X	DP-DK	NR	NR	NR	NR	X	NR

参 考 文 献

［1］Al-otaibi A, Studies T, Wu Y (2011) An alternative approach to modeling non-Darcy flow for pressure transient analysis in porous and fractured reservoirs. Soc Pet Eng, SPE, p 149123.

［2］Andrade J, Civan F, Devegowda D, Sigal R (2010) Accurate simulation of shale-gas reservoirs. SPE Annu, 19-22. https：//doi. org/10. 2118/135564-MS.

［3］Andrade J, Civan F, Devegowda D, Sigal R (2011) Design and examination of requirements for a rigorous shale-gas reservoir simulator compared to current shale-gas simulators. SPE Pap. https：//doi. org/10. 2118/144401-MS.

［4］Aziz K, Settari A (1979) Petroleum reservoir simulation. Chapman & Hall.

［5］Barree RD, Conway MW (2004) Beyond beta factors：a complete model for Darcy, Forchheimer, and Trans - Forchheimer flow in porous media. SPE 89325 8. https：//doi. org/10. 2523/89325- MS.

［6］Barree RD, Conway MW (2009) Multiphase Non-Darcy flow in proppant packs. SPE Prod Oper. 257-268. https：//doi. org/10. 2118/109561-MS.

［7］Belhaj HA, Agha KR, Nouri AM, Butt SD, Islam MR (2003) Numerical and experimental modeling of non-Darcy flow in porous media. Am Caribb Pet Eng Conf, SPE Lat. https：//doi. org/10. 2118/81037-MS.

［8］Bennethum LS, Murad MA, Cushman JH (1997) Modifed Darcy's law, Terzaghi's effective stress principle and Fick's law for swelling clay soils. Comput Geotech 20：245 - 266. https：//doi. org/ 10. 1016/S0266-352X (97) 00005-0.

［9］Choi ES, Cheema T, Islam MR (1997) A new dual-porosity/dual-permeability model with non-Darcian flow through fractures. J Pet Sci Eng 17：331 - 344. https：//doi. org/10. 1016/S0920-4105 (96) 00050-2.

［10］Cipolla CL, Lolon EP, Erdle JC, Tathed V (2009) Modeling well performance in shale-gas reservoirs. SPE 125532：19-21. https：//doi. org/10. 2118/125532-MS.

［11］Cooke CE (1973) Conductivity of fracture proppants in multiple layers. J Pet Technol 25：1101- 1107. https：//doi. org/10. 2118/4117-PA.

［12］Devegowda D, Civan F, Sigal R (2014) Simulation of shale gas reservoirs incorporating appropriate geometry and the correct physics of capillarity and fluid transport. Project 09122. 11. FINAL. RPSEA. http：//www. rpsea. org/media/files/project/d376660e/09122-11-PFS- Simulation_Shale_Gas_Reservoirs_Incorporating_Correct_Physics_Capillarity_Fluid_ Transport- 05-21-15. pdf.

［13］Dontsov EV, Peirce AP (2015) Proppant transport in hydraulic fracturing：crack tip screen-out in KGD and P3D models. Int J Solids Struct 63：206 - 218. https：//doi. org/10. 1016/j. ijsolstr. 2015. 02. 051.

［14］Ertekin T, Abou-Kassen JH, King GR (2001) Basic applied reservoir simulations. Society of Petroleum Engineers.

[15] Ewing RE, Lazarov R, Lyons SL, Papavassiliou DV, Pasciak J, Qin G (1999) Numerical well model for non-Darcy flow through isotropic porous media. Comput Geosci 3: 185-204.

[16] Firoozabadi A (1999) Thermodynamics of hydrocarbon reservoirs. McGraw-Hill Education, USA Geertsma J (1974) Estimating the Coefficient of Inertial Resistance in Fluid Flow Through Porous. Media. Soc Pet Eng J 14: 1-6. https: //doi. org/10. 2118/4706-PA.

[17] Heinemann ZE, Brand CW, Munka M, Chen YM (1991) Modeling reservoir geometry with irregular grids. SPE Reserv Eng 6: 225-232. https: //doi. org/10. 2118/18412-PA.

[18] Irmay S (1958) On the theoretical derivation of Darcy and Forchheimer formulas. Trans Am Geophys Union 39: 702. https: //doi. org/10. 1029/TR039i004p00702.

[19] Jayakumar R, Sahai V, Boulis A (2011) A better understanding of finite element simulation for shale gas reservoirs through a series of different case histories. SPE Middle East Unconv Gas Conf Exhib, Proc. https: //doi. org/10. 2118/142464-MS.

[20] Lai B, Miskimins JL, Wu Y (2012) Non-Darcy porous media flow according to the Barree and Conway Model: laboratory and numerical modeling studies. Society of Petroleum Engineers. doi: 10. 2118/122611-PA.

[21] Lai B, Miskimins JL, Wu Y-S (2013) Non-Darcy porous-media flow according to the Barree and Conway model: laboratory and numerical-modeling studies. Soc Pet Eng J 17: 70-79. https: // doi. org/10. 2118/122611-PA.

[22] Li D, Engler TW (2001) Literature review on correlations of the non-Darcy coefficient. SPE Permian Basin Oil Gas Recover Conf, 1-8. https: //doi. org/10. 2118/70015-MS.

[23] Liu X, Civan F, Evans RD (1995) Correlation of the non-Darcy flow coef ficient. J Can Pet Technol 34: 50-54. https: //doi. org/10. 2118/95-10-05.

[24] Logan RW, Lee RL, Tek MR (1985) Microcomputer gas reservoir simulation using finite element methods. https: //doi. org/10. 2118/14449-MS.

[25] Martins JP, Milton-Tayler D, Leung HK (1990) The effects of non-Darcy flow in propped hydraulic fractures. Society of Petroleum Engineers. doi: 10. 2118/20709-MS.

[26] Moridis GJ, Blasingame TA, Freeman CM (2010) Analysis of mechanisms of flow in fractured tight-gas and shale-gas reservoirs. SPE Lat Am Caribb Pet Eng Conf Proc 2: 1310-1331. https: //doi. org/10. 2118/139250-MS.

[27] Nacul EC (1991) Use of domain decomposition and local grid refinement in reservoir simulation. Stanford University, Stanford.

[28] Neyval CR, Souza AF, De Lopes RHC (2001) Petroleum reservoir simulation using finite volume method with non - structured grids and parallel distributed computing. 22nd CILANCE, Campinas, Brasil, November 2001. http: //www. inf. ufes. br/ * alberto/papers/cil491. pdf.

[29] Nguyen T (1986) Experimental study of non-Darcy flow through perforations. Society of Petroleum Engineers. doi: 10. 2118/15473-MS.

［30］ Palagi CL, Aziz K (1994) Use of Voronoi grid in reservoir simulation. SPE Adv Technol Ser 2：69-77. https：//doi. org/10. 2118/22889-PA.

［31］ Rubin B (2010) Accurate simulation of non Darcy flow in stimulated fractured shale reservoirs. SPE Conf, 1-6. https：//doi. org/10. 2118/132093-MS.

［32］ Scheidegger AE (1974) The physics of flow through porous media, 3rd edn. University of Toronto Press, Toronto and Buffalo.

［33］ Shiozawa S, McClure M (2016) Simulation of proppant transport with gravitational settling and fracture closure in a three-dimensional hydraulic fracturing simulator. J Pet Sci Eng 138：298- 314. https：//doi. org/10. 1016/j. petrol. 2016. 01. 002.

［34］ Sun J, Schechter D, Texas A, Huang C (2016) Grid-sensitivity analysis and comparison between unstructured perpendicular bisector and structured tartan/local - grid - refinement grids for hydraulically fractured horizontal wells in eagle ford formation with complicated natural fractures. Society of Petroleum Engineers. doi：10. 2118/177480-PA.

［35］ Tsai K, Fonseca E, Lake E, Degaleesan S (2013) Advanced computational modeling of proppant settling in water fractures for shale gas production. SPE J 18：50-56. https：// doi. org/10. 2118/ 151607-PA.

［36］ Wu YS, Lai B, Miskimins JL, Fakcharoenphol P, Di Y (2011) Analysis of multiphase non-Darcy flow in porous media. Transp Porous Media 88：205-223. https：//doi. org/10. 1007/ s11242-011- 9735-8.

［37］ Zhang L, Li D, Wang L, Lu D (2015) Simulation of gas transport in tight/shale gas reservoirs by a multicomponent model based on PEBI grid. J Chem.

［38］ Zhang Z, Chen Q (2007) Comparison of the Eulerian and Lagrangian methods for predicting particle transport in enclosed spaces. Atmos Environ 41：5236-5248. https：//doi. org/ 10. 1016/j. atmosenv. 2006. 05. 086.

第4章　页岩气产量动态分析方法

目前，已有多种页岩气藏产量动态分析方法。页岩气产量动态分析的结果可以用于预测最终采收率，计算储层渗透率，计算井筒表皮系数，计算裂缝参数等。页岩气藏产量动态分析方法利用已有的单井生产数据对未来单井产量进行预测。本章重点分析了页岩气藏动态分析的解析方法和半解析方法，主要包括产量递减方法，压力动态分析方法和产量动态分析方法。

4.1　产量递减分析和地层压力预测方法

产量递减分析方法的主要目的是预测页岩气藏的最终采收率。产量递减分析方法的主要原理是通过分析单井实际生产动态数据的变化规律来预测单井的未来产量。页岩气单井从投产到最终废弃的生产过程可分为多个流动阶段，必须精确分析和描述每个流动阶段的动态特征，才可以准确预测单井未来产量和预测最终采收率。产量递减分析方法是一种简单和实用的预测单井未来产量和预测最终采收率的有效方法。在传统油气藏普遍应用的产量递减方法（Arps 1945；Duong 2011；Fetkovich 1980）也可以应用在页岩气藏。其他产量递减方法，例如幂律指数产量递减方法、伸展指数产量递减方法和逻辑斯蒂增长产量递减方法都可以用于预测页岩气藏的最终采收率。

4.1.1　Arp's 产量递减分析

Arp's（1945）提出了基于统计规律的产量递减方法。Arp's 产量递减方法的前提假设条件较多，主要的前提假设条件是井在储层中部生产和井在恒定的井底流动压力条件下生产。页岩气藏主要是非稳态流动，Arp's 产量递减方法被证明是不适合的。因为 Arp's 产量递减方法只能适用于规则边界油藏和半稳态流动的情况。三种 Arp's 产量递减模型的方程形式区别不大，根据产量递减系数 b 的取值可以判定具体的产量递减类型公式（4.1）至公式（4.3）。当递减系数 b 等于1，产量递减类型属于调和递减；当递减系数 b 大于0并且小于1，产量递减类型属于双曲递减；当递减系数 b 等于0，产量递减类型属于指数递减。当产量递减类型属于指数递减时，在半对数坐标下，瞬时产量—时间曲线是线性的，在笛卡儿坐标系下，累计产量—瞬时产量曲线是线性的，如图4.1所示。

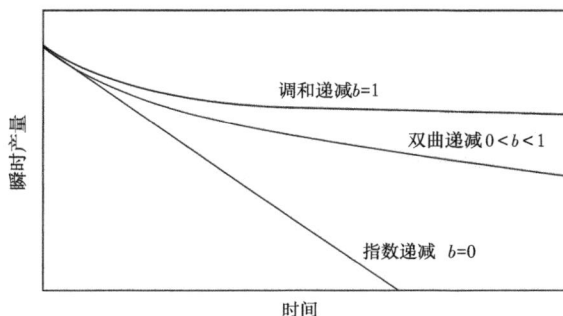

图 4.1　三种 Arp's 产量递减模型

调和递减方程形式:

$$q = \frac{q_i}{(1 + D_i t)} \tag{4.1}$$

双曲递减方程形式:

$$q = \frac{q_i}{(1 + bD_i t)^{1/b}} \tag{4.2}$$

指数递减方程形式:

$$q_i = q_i e^{-Dt} \tag{4.3}$$

式(4.3)中,D_i 是初始递减速率,t 是时间,b 是递减系数,q_i 是初始产量。

4.1.2 幂律指数产量递减模型

幂律指数产量递减模型更加适合页岩储层和致密气藏得产量递减分析和产量预测。因为幂律指数产量递减模型的前提建设条件与 Arp's 产量递减模型不同,幂律指数产量递减模型不要求边界条件一定是规则边界。幂律指数产量递减模型是由 Ilk 等最先提出(2008)。幂律指数产量递减模型认为,在产量递减初期,产量递减速度遵循幂律指数的函数形式,在产量递减中后期,产量递减速度恒定。幂律指数产量递减模型的递减速度为

$$D = D_\infty + D_1 t^{-(1-n)} \tag{4.4}$$

幂律指数产量递减数学模型为

$$q = q_i \exp\left(- D_\infty t - \frac{D_1}{n} t^n\right) \tag{4.5}$$

式(4.5)中,D 是产量递减速度,D_∞ 是产量递减中后期的递减速度,D_1 是每一个时间步对应的产量递减速度,n 是时间指数。

Ilk 等(2008)提出的幂律指数产量递减模型中,存在 4 个需要用实际生产动态数据拟合的待定系数。Seshadri 和 Mattar(2010)指出用幂律指数产量递减方程进行实际油田产量递减分析时存在一些困难。D_i 的含义不够明确,幂律指数产量递减模型中并没有明确值除 D_i 应该代表的 n 个时间步中第 1 个时间步的产量递减速度,还是应该代表初期的产量递减速度。并且,q_i 和 D_i 的数值太大,明显失去了实际的物理含义。时间步 n 数值的选取对产量递减的计算结果非常敏感;幂律指数产量递减参数拟合的时候,存在多解性。

4.1.3 伸展指数产量递减模型

与幂律指数产量递减模型类似,Valko(2009)提出了伸展指数产量递减模型。伸展指数产量递减模型的参数数量较少,所以伸展指数产量递减模型更加适合非常规油藏。针对页岩或者致密气藏,伸展指数产量递减模型相比于 Arp's 产量递减模型更具有优势,因为伸展指数产量递减模型不仅能够适用于非稳态流体条件,而且适用于边界控制的流动条件。与幂律指数产量递减模型相比,伸展指数产量递减模型中的 D_∞ 等于 0,并且伸展指数产量递减模型能够分析累计产量与时间的函数关系(Kanfar 和 Wattenbarger,2012)。相比于瞬

时产量时间曲线，累计产量时间曲线更加容易拟合。

瞬时产量与时间的函数关系为

$$q = q_0 \exp\left[\left(-\frac{t}{\tau}\right)^n\right] \tag{4.6}$$

累计产量与时间的函数关系为

$$Q = \frac{q_0\tau}{n}\left\{\Gamma\left(\frac{1}{n}\right) - \Gamma\left[\frac{1}{n}, \left(\frac{\tau}{n}\right)^n\right]\right\} \tag{4.7}$$

式（4.7）中，q_0 是 $t=0$ 时刻的瞬时产量，Q 是累计产量，τ 是伸展指数产量递减函数的特征时间系数，单位为 d。

式（4.7）中括号内的第一项和第二项分别是完全伽马函数和不完全伽马函数。

4.1.4　Duong 产量递减模型

Duong（2011）提出了一种针对页岩气藏或者致密储层气藏的产量递减模型。在页岩储层和致密储层中，油气井产量主要来自裂缝，基质中的流体流动对油气井产量的贡献非常有限，甚至可以忽略。这就意味着在瞬态流动阶段，可以利用 Duong 模型计算最终的采收率。在对数坐标下，实际油气井产量与时间的关系可以用幂律指数函数或者线性函数来描述（Kanfar 和 Wattenbarger，2012），Duong 以此为基础提出了新的产量递减模型，Duong 发现，在双对数坐标下，所有的非常规储层的瞬时产量与累计产量的比值，和时间呈线性关系。非常规储层的单井控制储量、压裂规模、完井情况和储层物性参数等参数，都会影响拟合直线的斜率和截距。

Duong 模型中累计产量和瞬时产量的表达形式为

$$q = q_1 t(a, m) + q_\infty \tag{4.8}$$

$$Q = \frac{q_1 t(a, m)}{at^{-m}} \tag{4.9}$$

其中：

$$t(a, m) = t^{-m}\exp\left[\frac{a}{1-m}(t^{1-m} - 1)\right] \tag{4.10}$$

q_∞ 是 $t=\infty$ 时的瞬时产量，q_1 时 $t=1$ 时的瞬时产量，m 是斜率，a 是截距。

q_∞ 的数值可以大于 0 也可以小于 0，Duong 通过将 q_∞ 引入 Duong 模型［横坐标是瞬时产量，纵坐标是 Duong 时间 $t\ (a, m)$］提高了拟合精度（Kanfar 和 Wattenbarger，2012）。

4.2　复杂裂缝网络的压力分析

页岩储层的渗透率范围在 1~100nD，由于页岩储层的渗透率很低，压力在页岩储层中的传导速度较慢，压力传播到边界处需要较长的时间，所以页岩储层中的流体流动主要处于非稳态。水平井多段压裂是页岩储层开发的主要方法，为了能够准确描述页岩储层中人工裂缝和天然裂缝的压力传导规律，需要对页岩储层的非稳态流动进行压力分析。页岩储层的压力分析可以用于评价水平井多段压裂的效果。通过对页岩储层开展试井压力分析，能够得到用于油气井产能计算的油藏参数和裂缝参数。

要对页岩储层进行试井压力分析，首先需要通过生产动态资料明确页岩储层中的流动阶段（Vera 和 Ehlig-Economides，2014）。页岩储层中流动阶段划分结果与很多参数有关，并且页岩储层中的流动区域会随着时间发生变化。页岩储层的大小和形状会影响流体的流动阶段划分结果。井型（水平井，直井）也会影响页岩储层中的流体流动阶段划分结果。在试井分析中，往往采用拟压力导数曲线来判断流体的流动阶段，而不是采用拟压力曲线判断流动的流动阶段（Kim 等，2014）。拟压力导数曲线通常被分为早期，中期和晚期三个阶段。

页岩气藏储层的物性和人工压裂裂缝的特征是控制压力传播和分布的重要参数。实际页岩气藏长时间的生产动态数据证明，多段压裂水平井的产能和累计产量主要受控于流动流动形态（Medeiros 等，2006，2007），而流体流动形态受控于储层的物性参数和人工压裂裂缝的特征参数。

4.2.1　页岩气藏多段压裂水平井流动形态

目前，多段压裂水平井是开发致密页岩气藏最为常用的开发方式。水井井钻井技术和多段大型压裂技术的进步与完善，促进了页岩气藏的高效开发。

多段压裂水平井的裂缝可以分为水平裂缝和垂直裂缝，水平裂缝和垂直裂缝如图 4.2 所示。大部分页岩气藏压裂工艺选择压开垂直裂缝（Wei 和 Economides，2005）。多段压裂水平井技术要求最优化油藏和井筒之间的接触面积。水井裂缝和垂直裂缝的流体流动阶段划分结果是不同的，可以通过分析压力数据对流体流动阶段进行分析。

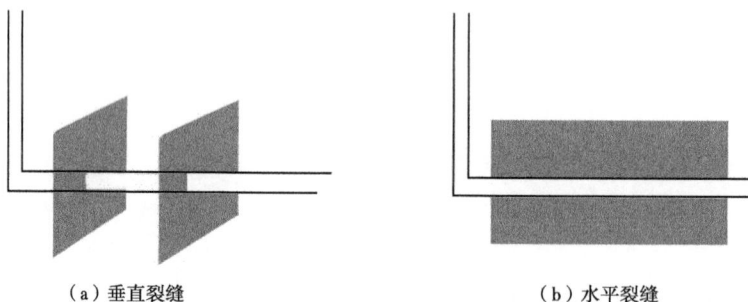

（a）垂直裂缝　　　　　　　　　　　（b）水平裂缝

图4.2　水平井垂直裂缝和水平裂缝示意图

页岩气藏长时间开发过程中的压力数据能够更准确地分析气井产能和流动阶段划分结果，如果页岩气藏开发缺乏了压力测试数据，将会使得很多分析和计算工作将缺乏重要依据。

已经有很多学者开展了页岩气藏多段压裂水平井的试井分析与解释的相关研究工作。人工压裂裂缝和天然微裂缝相互交织在一起，形成了复杂的裂缝网格，这种复杂的裂缝耦合关系增加了试井分析和渗流模式识别的难度（Kim 等，2014）。

Al-Kobaisi 等（2006）根据压力测试数据分析了多段压裂水平井早期的流体流动阶段。并且识别出了多种垂直裂缝水平井的流动形态，主要有平面径向流，平面径向—线性流和双线性流（图 4.3）。研究结果表明，裂缝的展布形态和水平井的位置会显著影响早期流动阶段流体的流动形态，并且多段压裂水平井早期阶段的流动形态与压裂直井的流动形态存在明显差异。

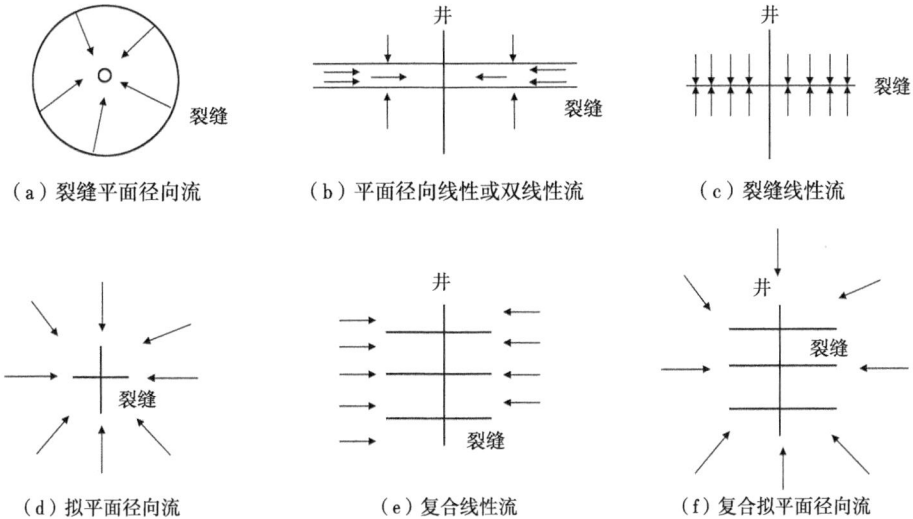

| （a）裂缝平面径向流 | （b）平面径向线性或双线性流 | （c）裂缝线性流 |
| （d）拟平面径向流 | （e）复合线性流 | （f）复合拟平面径向流 |

图 4.3　多段压裂水平井流体流动形态（Al-Kobaisi）

Wang 等（2013）根据压力测试结果识别出了 5 种多段压裂水平井早期流动阶段的基本流动形态，分别是早期线性流，拟稳态流，符合线性流，拟平面径向流和边界影响流。他们认为在裂缝之间发生相互干扰前，流体流动形态主要以线性流为主，裂缝之间发生相互干扰后，主要以拟稳态流动形态为主，这一阶段是主要的产油和产气阶段，并且该文章通过数值模拟计算证明了他们提出的结论的准确性。

Cinco 等（1978）提出了压裂直井半解析试井模型，该模型被众多学者认为是一个标准模型。Al-Kobaisi 等（2006）提出了压裂水井平半解析试井模型。Al-Kobaisi 提出的半解析模型中，求解储层中和裂缝中压力分布采用的是解析方法，将储层中压力和裂缝中的压力在裂缝壁面进行耦合，采用数值方法可以求解得到沿着裂缝的压力分布。Cinco 和 Samaniego（1981）识别出压裂直井具有四种流体流动形态，包括裂缝线性流、双线性流、储层线性流和拟平面径向流。当认为裂缝具有无限导流能力时，流动形态主要以储层线性流和拟平面径向流为主；当认为裂缝具有有限导流能力时，流动形态主要以裂缝线性流和双线性流为主。Raghavan 等（1997），Rodriguez 等（1984a，1984b），Schulte（1986）等也研究了有限导流能力裂缝和无限导流能力裂缝的压裂直井的压力传导特征。

Kruysdijk 和 Dullaert（1989）利用数值模拟方法研究了致密砂岩气藏的复杂流体流动形态。他们的研究结果揭示了多段压裂水平井垂直裂缝周围的压力分布和流体流动形态。数值模拟计算结果说明，在早期的流动阶段，主要的流动形态是垂直于裂缝避免的线性流，然后相邻裂缝开始发生相互干扰，流体流动形态从线性流开始变换为复合线性流，如图 4.4 所示。

Larsen 和 Hegre（1991，1994）采用解析方法研究了单裂缝水平井和多裂缝水平井的不同流动形态。作者给出了解析方法的前提假设条件。垂直裂缝和径向裂缝的主要流动形态包括裂缝径向流，径向线性流，储层线性流和拟径向裂缝流。平行裂缝水平井早期流动阶

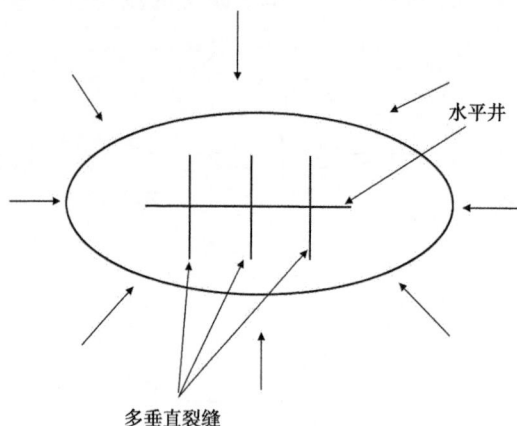

图 4.4　复合线性流示意图（据 Kruijsdik 和 Dullaert，1989）

段的主要流动形态是线性流和双线性流。

影响水平井压力传播行为的因素有很多，影响因素包括裂缝的条数，裂缝的位置和裂缝的起始位置。Raghavan 等（1997）研究了传统油藏中上述影响因素对压力传播行为的影响。本文作者建立了一种多段压裂水平井的试井模型。这个模型假设裂缝分布不均匀并且裂缝参数不均匀。本文作者在早期流体流动阶段识别出了 3 种主要的流体流动形态。在早期流体流动阶段，系统中存在 n 条裂缝，第二个流动阶段反映了相邻裂缝之间的相互干扰，最后一个流动阶段，多个复杂裂缝的流动行为等效成一个裂缝的流动行为，等效裂缝的长度等于最外侧裂缝之间的长度。

Al-Kobaisi 等（2006）提出了一种用于研究有限导流能力裂缝水平井压力传播规律的解析数值混合模型，该模型中，研究储层中流体流动的模型是解析模型，研究裂缝中的流体流动的模型是数值模型，并且裂缝是具有有限导流能力的裂缝。压力传导的特征可以用于反演和预测不同位置裂缝的裂缝参数，如图 4.5 所示。

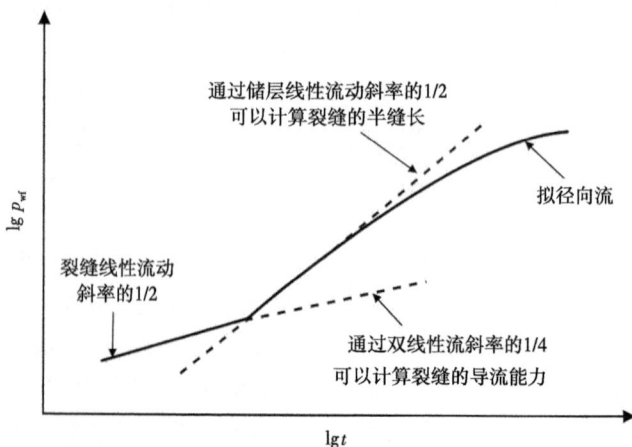

图 4.5　裂缝参数反演

裂缝的特征参数对压力传导会产生较大影响，相关学者建立了水平井单根有限导流能力裂缝的压力传导计算模型。不同的裂缝参数会导致裂缝水平井的流体流动形态发生改变，在裂缝直井模型中，裂缝参数不会影响流体的流动形态。Al-Kobaisi 等（2006）发现，裂缝的空间展布规律和裂缝的导流能力会对流体的流动形态和压力传导规律产生巨大影响。

Medeiros 等（2006）建立了一个半解析的数学模型，能够模拟多段压裂水平井控制范围内的流体流动。裂缝附近的区域是人工压裂裂缝和天然裂缝复杂交织的区域，采用双渗模型模拟裂缝附近区域的复杂渗流情况。Medeiros 等（2006）建立的数值模拟模型提供了一种非均质储层水平井压力分析的有效工具和手段。Medeiros 等（2006）利用压力和压力导数曲线分析和计算基质渗透率，裂缝间距和井距。上述研究主要的研究对象是非均质致密页岩储层多段压裂水平井的产能和生产效果。均质致密气藏压力传导规律如图 4.6 所示。

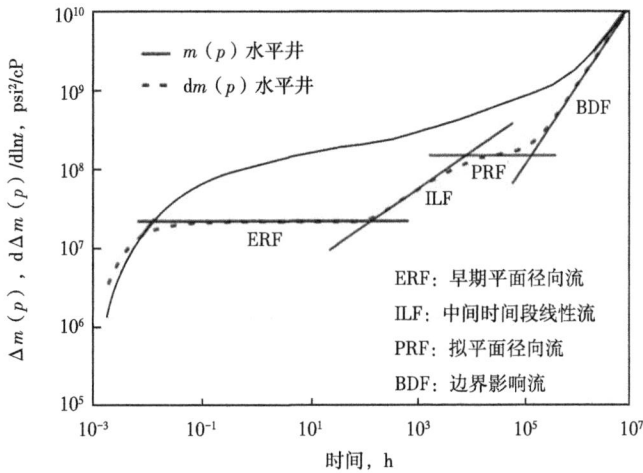

图 4.6　均质致密储层流动形态判断图版（据 Medioris 等，2006）

Freeman 等（2009）也进行了相似的研究，Freeman 利用数值模拟方法分析了页岩气藏多段压裂水平井的流体流动形态。他们的研究集中在压力传播的后半段，也就是裂缝弹性开发阶段。通过对比发现，根据实际井生产动态数据，采用解析模型、半解析模型和经验公式计算得到的多段压裂水平井的压力传播规律不一致，尤其是反演得到的储层参数结果差异较大（Freeman 等，2009）。众多学者试图研究储层参数和完井参数对致密页岩气藏多段压裂水平井生产动态数据的影响。典型致密页岩气藏的流动阶段分为初始线性流、复合地层线性流和椭圆流，如图 4.7 所示。

Cheng（2011）提出页岩气藏多段压裂水平井的压力传播规律主要受到储层参数和单井参数的影响。Cheng 采用 Marcellus 页岩气田的实际参数，研究了影响压力传播行为的影响因素。共识别出了 5 个流动形态，分别是裂缝径向流、双线性流、内部线性流、拟稳态流和末期外部线性流。如图 4.8 所示。

Brohi 等（2011）采用双孔内区域复杂线性模型，计算了页岩气藏多段压裂水平井产能。Brohi 识别出了 3 个主要的线性流动阶段，早期，流体从裂缝流入到井筒的线性流阶段，然后，流体从储层基质流入裂缝的线性流阶段，最后，流体从外区单孔模型区域流入

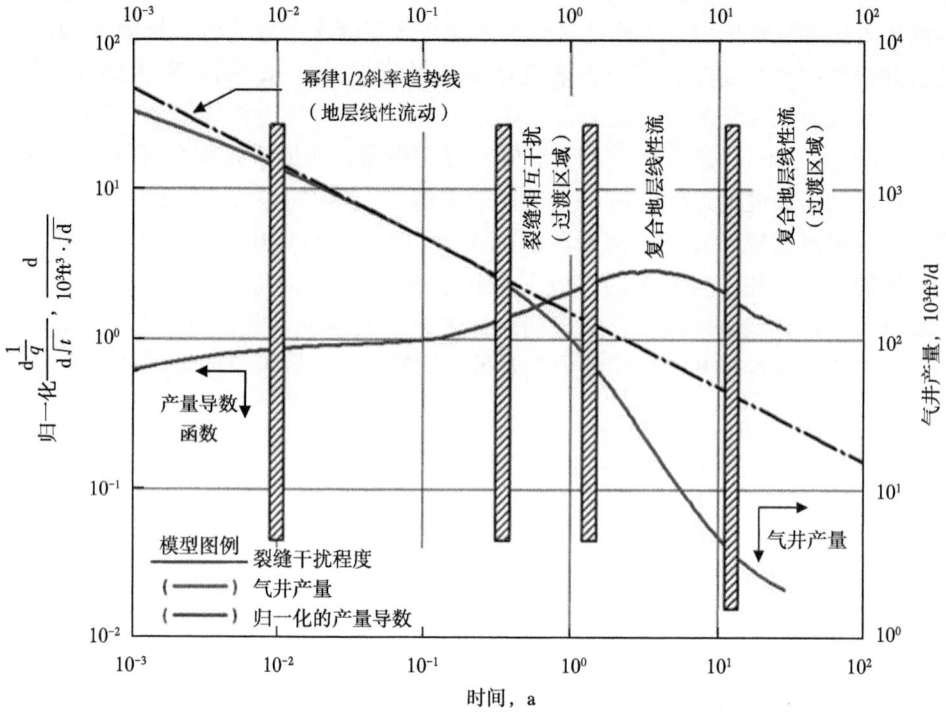

图 4.7　多段裂缝（垂直）水平气井流动形态识别图版（据 Freeman 等，2009）

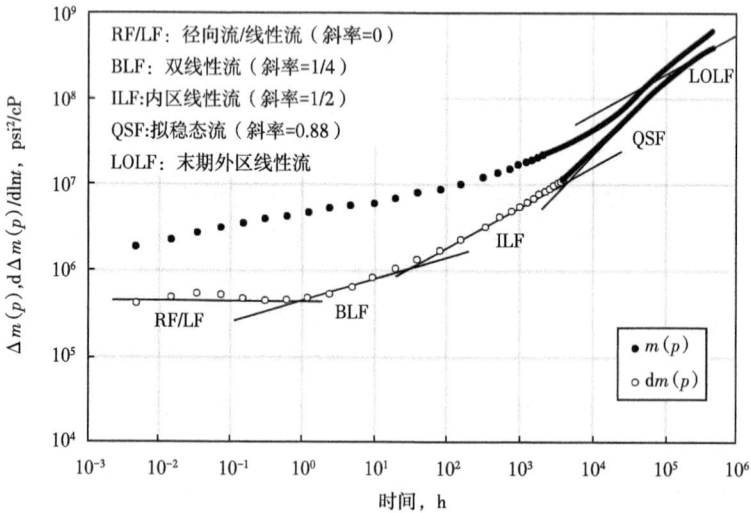

图 4.8　多段压裂水平井不同流动形态的典型曲线（据 Cheng，2011）

到内区双孔模型区域。作者利用数值模拟计算识别出了 5 个流动阶段，分别是裂缝线性流，裂缝拟稳态流，基质线性流，基质拟稳态流和储层线性流。

　　Guo 等（2014）识别出多段压裂水平井在压力传播的过程中具有 9 中可能的流动形态。

在试井图版上，这9种流动形态具有各自的特点。他们建立的模型考虑了流体在基质渗流过程中的扩散机理和解吸机理，并且认为裂缝具有有限导流能力，9种流动形态如下。

（1）井筒储集阶段，流体的流动受到井筒储集效应的控制，压力导数曲线和拟压力曲线的斜率是不变的。

（2）过渡流阶段，过渡流阶段的压力导数曲线和拟压力曲线上会出现局部峰值，过渡流阶段主要受到表皮效应和井筒储集效应的综合影响。

（3）双线性流阶段，拟压力曲线和压力导数曲线上，双线性流阶段的斜率等于1/4。双线性流是指流体在裂缝中的流动形态是线性流，同时，流体在储层中的流动形态也是线性流。

（4）第一储层线性流阶段，第一储层线性流阶段在压力导数曲线和拟压力曲线上的斜率是1/2。在第一储层线性流阶段，相邻压裂裂缝之间没有发生质量交换。

（5）第一拟径向流阶段，第一拟径向流阶段主要受到裂缝长度和裂缝间距的控制，第一拟径向流阶段在压力导数曲线上表现为数值稳定的平台。

（6）第二储层线性流阶段，这一阶段的压力导数和拟压力曲线的斜率是1/2，相邻裂缝开始出现相互干扰。

（7）第二天然裂缝拟径向流阶段，这一阶段的压力导数曲线表现为数值稳定的平台。

（8）内区孔隙扩散流动阶段，这一阶段在压力导数曲线上表现为数值下降，这一阶段的流体流动主要受到基质和天然裂缝之间窜流的控制。

（9）复合拟径向流阶段，这一阶段在压力导数曲线上表现为数值稳定的平台。

Guo（2014）等建立的压力导数和拟压力曲线识别图版如图4.9所示。

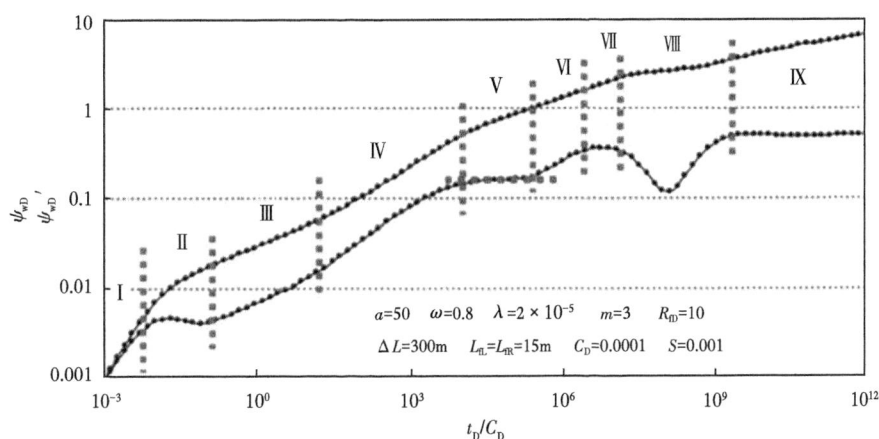

图4.9　有限导流能力裂缝水平井流动形态识别图版（据 Guo 等，2014）

产量数据分析（PDA）和压力数据分析（PTA）是实际生产过程中经常用到的分析单井生产动态的方法。不同的科研人员用不同的软件进行 PTA 分析和 PDA 分析是分开独立进行的。计算得到 PDA 的结果与 PTA 的结果之间经常是相互矛盾的（Ehlig-Economides 等 2009）。Ehlig-Economides 提出了一种综合 PTA 和长时间 PDA 的综合分析方法，来代替传统的 PTA 和 PDA 方法。这种方法可以识别单井和储层的流体流动形态。作者使用产量归一化压力（RNP）进行动态分析，得到了更加准确的 PDA 结果。PTA 和 PDA 综合分析方法是用压力恢复试井（BU）的压力变化和压力变化导数数值，注入生产动态数据 RNP 数值来综合分析。与单独的 PTA 或者 PDA 方法相比，综合 BU-RNP 方法能够保证计算结果一致并且准确。通过对比综合 BU-RNP 方法与长时间压力恢复试井方法的曲线，可以证明综合 BU-RNP 方法的具有较高的准确性。如图 4.10 所示。

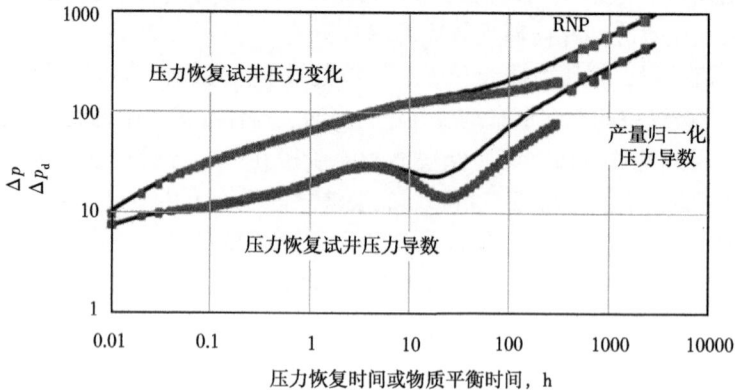

图 4.10　综合压力恢复（BU）产量归一化压力（RNP）方法曲线图版
（据 Ehlig-Economides 等，2009）

不同作者用 PTA 方法划分得到的流动形态的结果如表 4.1 所示。

表 4.1　裂缝气井不同流动形态汇总表

作者	井型	流动形态
Cinco 等（1978）	裂缝直井	裂缝线性流，双线性流，地层线性流和拟径向流
Freeman 等（2009）	多段压裂水平井	地层线性流，复合地层线性流，椭圆流
Al-Kobaisi 等（2006）	多段压裂水平井	裂缝径向流，径向线性或者双线性流，地层线性流，拟径向流，复合线性流，复合拟径向流
Cheng（2011）	页岩气藏压裂水平井	径向流/线性流，双线性流，内区线性流，拟稳态流，末期外区线性流
Wang 等（2013）	多段压裂水平井	早期线性流或者双线性流，拟稳态流，复合线性流，拟径向流和边界影响流
Guo 等（2014）	多段压裂水平井	井筒储集阶段，过渡流动阶段，双线性流动阶段，第一次储层线性流动阶段，第一次拟径向流动阶段，第二次储层线性流动阶段，第二次拟径向流动阶段，内区孔隙扩散流动阶段和复杂拟径向流动阶段
Brohi 等（2011）	多裂缝水平井	裂缝线性流，裂缝拟稳态，基质线性和裂缝拟稳态阶段，基质拟稳态阶段，裂缝拟稳态阶段，储层线性流阶段
Clarkson（2011）	多裂缝水平井	双线性流，早期线性流，早期椭圆/拟径向流，裂缝干扰和复合末期线性流

4.2.2　压力试井线性回归分析

线性回归方法是试井分析时候经常采用的一种数学方法，利用线性回归方法得到斜率和截距，可以反演储层的物性参数，计算控制储量，计算裂缝的半长，反演储层渗透率，计算孔隙体积。线性回归的主要特点是简单易行，可以通过线性回归识别流体的流动形态。多段压裂水平井不同流动阶段的数学模型如下（Wang 等，2013）。

（1）早期线性流动阶段。

早期线性流动阶段的描述方程如下：

$$\Delta p_{\mathrm{wf}} = 4.0641 \frac{qB}{nhx_{\mathrm{f}}} \sqrt{\frac{\mu t}{k\varphi c_{\mathrm{t}}}} + \frac{141.2qB\mu}{Kh} \big[s + s_{\mathrm{p}} \big] \tag{4.11}$$

式（4.11）中，s 是裂缝表皮系数，s_{p} 是拟表皮系数。早期线性流动阶段的识别方法是压力导数曲线斜率为 1/2，式（4.11）的斜率可以用下面的方程描述。

$$m = 4.0641 \frac{qB}{nhx_{\mathrm{f}}} \sqrt{\frac{\mu}{K\varphi c_{\mathrm{t}}}} \tag{4.12}$$

式（4.12）可以计算裂缝半长 x_{f}，早期线性流动阶段结束的时间可以用下式计算得到。

$$t_{\mathrm{e}} = \frac{x_{\mathrm{s}}^2 \varphi\mu c_{\mathrm{t}}}{4(0.029)^2 K} \tag{4.13}$$

式（4.13）中 x_{s} 是裂缝间距，单位是 ft。

（2）拟拟稳态流动阶段。

拟拟稳态流动阶段的压力降落可以用下式计算得到：

$$\Delta p_{\mathrm{wf}} = \frac{qBt}{24V_{\mathrm{p}}c_{\mathrm{t}}} + \Delta p_{\mathrm{int}} \tag{4.14}$$

式（4.14）中，Δp_{int} 是线性段与纵坐标的截距，V_{p} 是 SRV 区域的孔隙体积。斜率可以通过下式计算：

$$m_{\mathrm{qf}} = \frac{qB}{24V_{\mathrm{p}}c_{\mathrm{t}}} \tag{4.15}$$

通过式（4.15），可以计算得到 SRV 孔隙体积。

（3）拟径向流。

拟径向流阶段的压力降落可以通过下式计算得

$$\Delta p_{\mathrm{wf}} = \frac{162.6qB\mu}{Kh} \left[\lg\left(\frac{2.64 \times 10^{-4}Kt}{\varphi\mu e_{\mathrm{t}} r_{\mathrm{w}}^2} \right) + \frac{s + s_{\mathrm{p}}}{1.1516} + 0.3513 \right] \tag{4.16}$$

储层的渗透率可以通过式（4.16）计算得

$$\Delta p_{\mathrm{wf}} = \frac{162.6qB\mu}{Kh} \tag{4.17}$$

（4）拟稳态流动阶段。

拟稳态流动阶段的压力降落可以用下式描述：

$$\Delta p_{wf} = \frac{qBt}{24V_r c_t} + \Delta p_{int}^*$$ (4.18)

式（4.18）中，Δp_{int}^*是直线段与纵坐标的截距，储层孔隙体积 V_r 可以用式（4.18）计算得到。

$$m_{ql} = \frac{qB}{24V_r c_t}$$ (4.19)

4.3 页岩气藏动态（RTA）分析

与压力试井分析类似，利用致密页岩气藏产量数据，也可以对致密页岩气藏的流体流动形态进行分析。随着井底压力计技术的成熟，现在可以长时间连续监测井底流动压力，利用长时间的压力数据和产量数据可以开展 RTA 分析和计算。通过识别流体流动形态，可以计算人工压裂裂缝的参数和油藏的物性参数。例如，当压力传播到储层边界处，可以利用压力数据和产量数据反演单井控制储量和最终采收率。更进一步，能够利用 RTA 方法计算裂缝的半缝长，裂缝渗透率，裂缝导流能力和基质渗透率。当生产制度发生变动后，井底流动压力数据和产气量数据都会发生变化（Clarkson，2011）。同时，Clarkson（2011）指出，裂缝的空间展布规律和三维地质模型的空间展布规律在致密页岩气藏动态分析和试井分析中至关重要。

当压力从单井井底传播到远离单井井点位置后，流体的流动形态开始转换为过渡流动阶段。当压力传播至边界或者断层位置时，流体的流动形态转换为边界控制流。多段压裂水平井的流体流动形态变化顺序会更加复杂，同时流体流动形态的种类也会更多。致密页岩气藏多段压裂水平井的流动形态划分结果和裂缝参数储层参数反演方法见本章的 4.2部分。

RTA 分析过程中，需要将压力数据进行归一化，归一化压力数据时需要用到产量数据。对于致密页岩气藏，井底流动压力需要利用先转换成拟压力，然后利用产气量数据将拟压力转换成归一化的拟压力。如果没有之间检测的井底流动压力数据，可以将井口检测得到的井口压力通过多相流理论折算得到井底流动压力。t_{BDF}（压力传播到边界的时间）和 m_{LF}（线性流的直线段斜率）（图 4.11）可以用来计算 SRV 区域的相关参数（Bahrami 等，2016）。

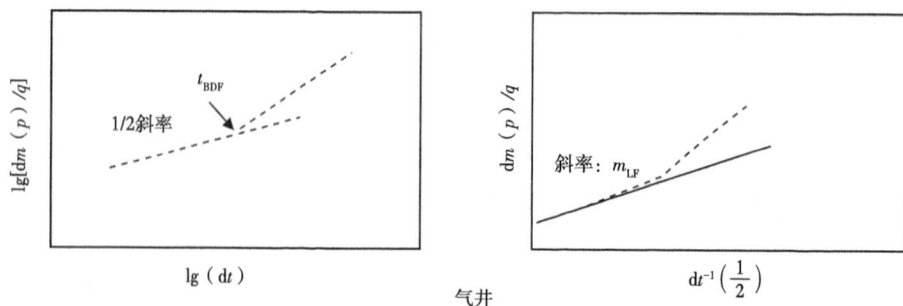

图 4.11 计算 SRV 特征参数 RTA 图版（据 Bahrami 等修改，2016）

采用归一化压力数据的 RTA 图版如下，可以用 RTA 图版计算 SRV 区域的特征参数（Bahrami 等，2016；Malallah 等，2007）。

（1）对于气井，将归一化后的拟压力数据和时间取对数，绘制成双对数图版。线性流动阶段的在归一化拟压力时间双对数图版上的斜率是 1/2。压力传播到边界的时间 t_{BDF} 发生在数值更大的斜率是 1/2 的支线段的开始点。

（2）从曲线中可以得到归一化拟压力和时间的双对数曲线的斜率，从而可以得到 m_{LF}。

主要有 3 大类分析产量数据的方法，分别是线性回归方法，典型曲线方法和解析数值模拟方法（Clarkson，2011；Clarkson 和 Beierle，2011）。Gatens 等（1989）提出了一种综合利用典型曲线解析模型和经验公式分析动态数据的方法。

典型曲线方法需要利用实际生产动态数据去拟合理论经验公式中的无因次变量（Clarkson，2011）。根据 Clarkson（2011）的方法，储层参数，井轨迹长度和压裂施工参数都可以通过拟合实际生产动态数据来获取。解析数值模拟方法中，也需要首先拟合实际生产动态数据，当模型的计算结果与真实的历史数据之间的误差满足要求后，可以预测单井或者多井的未来生产动态数据。在某一些特定的流动阶段，可以利用线性回归方法得到曲线线性段的斜率。曲线的斜率数值可以用于计算压裂裂缝和储层的相关参数。动态分析工作中，往往利用经验公式来预测最终采收率。在本章的 4.1 部分已经介绍了 Arp's 产量递减方法和幂指数产量递减方法。

4.4　典型曲线方法

Agarwal 等（1970）将典型曲线的概念引入到石油工程行业，Agarwal 等用典型曲线方法求解渗流方程。许多其他学者（Carter，1985；Ehlig-Economides 和 Ramey，1981；Fetkovich，1980；Ozkan 等 1987；Uraiet 和 Raghavan，1980）用典型曲线方法求解恒定井底流动压力时的试井模型。叠加原理能够进一步辅助求解定产量的问题。叠加原理是将任意时刻由于产量变化引起的压力变化数值进行求和。这样的话，产量变化引起的总的压力变化等于每个产量变化引起的压力变化的和。利用叠加原理，能够求解恒定产量的渗流问题，从而能够更好地进行动态分析。

Arp's 产量递减的基础是经验公式和半经验的公式，没有太强的渗流理论基础作为支撑，是一种半经验的方法。Fetkovich（1980）提出了一种理论性更强的新型的产量递减方法。Fetkovich 将恒定压力的渗流方程的解与产量递减方程相结合，提出了一种简单的典型曲线。Fetkovich 提出了重新初始化的概念。重新初始化是指在任意流体流动形态变化的时刻，产量数据需要在时间和速率上进行重新初始化。重新初始化后，参考压力产量变化量和时间都归零。

在圆形储层、流体流动为拟稳态的前提假设条件下，Fetkovich（1980）提出：

$$q_i = \frac{Kh(p_i - p_{wf})}{141.2\mu B\left[\ln\left(\dfrac{r_e}{r_w}\right) - 0.5\right]} \tag{4.20}$$

$$t_d = \frac{\dfrac{0.00634Kt}{\phi\mu c_t r_w^2}}{0.5\left[\ln\left(\dfrac{r_e}{r_w}\right) - 0.5\right]\left[\left(\dfrac{r_e}{r_w}\right)^2 - 1\right]} \tag{4.21}$$

和：

$$q_{Dd} = q(t)/q_i \tag{4.22}$$

$$q_{Dd} = \frac{q(t)/Kh(p_i - p_{wf})}{141.2\mu B\left[\ln\left(\dfrac{r_e}{r_w}\right) - 0.5\right]} = q_d\left[\ln\left(\frac{r_e}{r_w}\right) - 0.5\right] \tag{4.23}$$

式中无量纲产量 q_d 为

$$q_d = \frac{141.2q\mu B}{Kh(p_i - p_{wf})} \tag{4.24}$$

式中 q_d 是产量递减曲线的无量纲产量，t_d 是无量纲时间。

图 4.12 中给出了经典的 Fetkovich 图版，横坐标是 t_{Dd}，坐标是 q_{Dd}（Fetkovich 等，1987）。

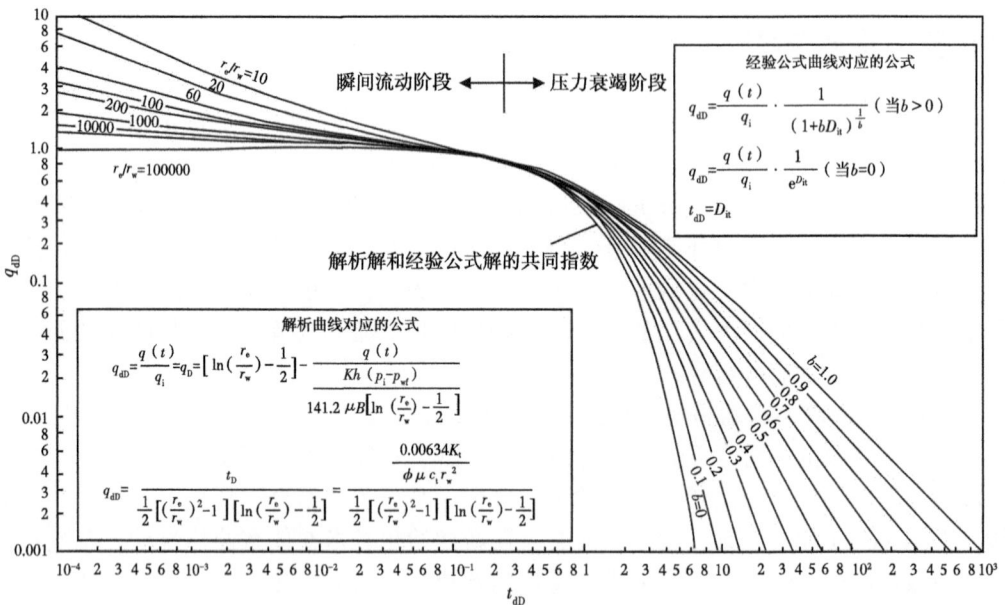

图 4.12 Fetkovich 典型曲线（据 Fetkovich 等，1987）

Carter（1981）提出，气藏中的气体压缩性很强，如果理论推导过程中认为流体是微可压缩流体，必然会给气藏动态分析带来巨大误差。Cater（1981）用变量 λ 来校正真实气体与微可压缩流体之间的差异（Fraim 和 Wattenbarger，1987）。

$$\lambda = \frac{(\mu c_g)_i \left[m(p_i) - m(p_{wf}) \right]}{2 \left[(p/z)_i - (p/z)_{wf} \right]} \quad (4.25)$$

当 $\lambda = 1$ 时，代表流体时液相，当 $\lambda < 1$ 时，λ 代表曲线下降速度的快慢。Carter（1981）提出的典型曲线如图 4.13 所示。

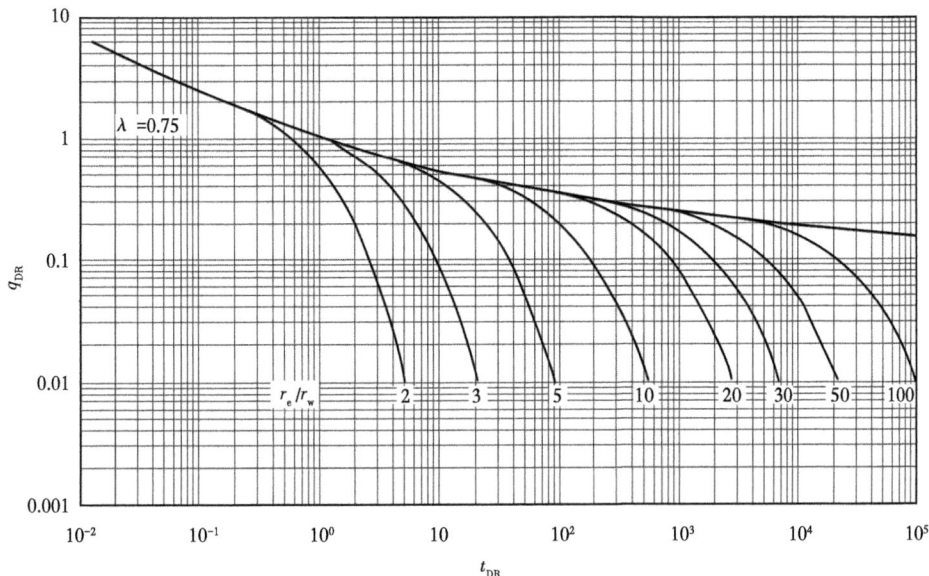

图 4.13　理想气体平面径向流动典型曲线（据 Carter，1981）

Fraim 和 Wattenbarger（1987）也对产量递减曲线进行了研究，并且做出了重要贡献。在 Carter（1981）和 Fetkovich（1980）的理论的基础上，Fraim 和 Wattenbarger 将归一化时间应用到计算黏度和压缩系数的时候，用的是平均地层压力而不是井底流动压力。Fraim 和 Wattenbarger 指出，采用归一化时间进行计算后，封闭气藏产量递减符合指数递减的形式。封闭径向气藏的产量递减符合下面的公式：

$$\ln\left(\frac{q}{q_i}\right) = \frac{-2J_g(p/z)_i}{G(\mu_g c_g)_i} t_n \quad (4.26)$$

归一化时间可以写成

$$t_n = \int_0^t \left[\frac{(\mu c_t)_i}{\bar{\mu} \bar{c}_g} \right] \mathrm{d}t \quad (4.27)$$

$$J_g = \frac{1.9875E^{-5} K_g h}{0.5\ln\left(\dfrac{2.2458A}{C_A r_w^2}\right)} \frac{T_{sc}}{p_{sc} T} \quad (4.28)$$

式（4.28）中 J_g 是产气指数，C_A 是迪茨形状因子，A 是面积。

图 4.14 展示了油藏（非气藏）指数型产量递减曲线实际时间和拟时间的差异。

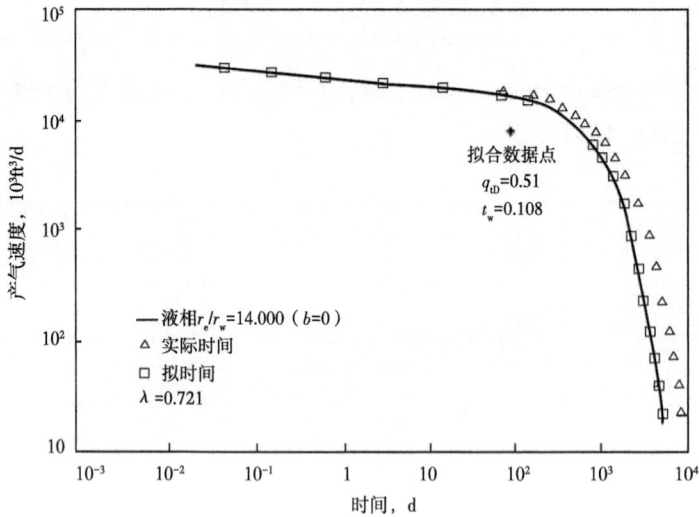

图 4.14 指数型产量递减曲线对比图 (实际时间与拟时间对比)

产量递减分析的准确性会受到产量和压力突然变化的影响。为了减少产量和压力突然变化对产量递减分析的影响，Palacio 和 Blasingame (1993) 提出了用物质平衡方程提高产量递减分析的计算精度。Palacio 和 Blasingame 提出的典型曲线克服了井底流动压力恒定和产量恒定的限制，在进行产量递减分析的时候，可以在井底压力和产量持续变化的情况下开展产量递减分析。根据前人的工作 (Carter, 1981; Fetkovich, 1980)，Palacio 和 Blasingame 将产量递减典型曲线进行了扩展，使其能够用于气藏的产量递减分析和油藏的产量递减分析。他们提出的产量递减方程中的物质平衡拟时间是根据实际产气拟压力计算得到的 (Lewis 和 Hughes, 2008)，气藏产量递减方程如下：

$$\frac{q_g}{p_{pi} - p_{pwf}} b_{a,pss} = \frac{1}{1 + \left(\dfrac{m_a}{b_{a,pss}}\right) \overline{t_a}} \tag{4.29}$$

式 (4.29) 中：

$$m_a = \frac{1}{G_{c_{ti}}} \tag{4.30}$$

$$b_{a,pss} = 141.2 \frac{\mu_{gi} B_{gi}}{K_g h} \left[\frac{1}{2} \ln\left(\frac{4}{e^\gamma} \frac{A}{C_A r_w^2} \right) \right] \tag{4.31}$$

将上述方程合并，得

$$p_{pi} - p_{pwf} = \Delta m(p) = q_g 141.2 \frac{\mu_g B_{gi}}{K_g h} \left[\frac{1}{2} \ln\left(\frac{4}{e^\gamma} \frac{A}{C_A r_w^2} \right) \right] + \frac{q_g}{G_{c_{ti}}} t_a \tag{4.32}$$

物质平衡时间的计算公式为

$$\bar{t}_a = \frac{\mu_{gi} c_{ti}}{q_g}\left(-\frac{Gz_i}{p_i}\right)\int_{p_i}^{\bar{p}}\frac{p}{z\mu_g}\mathrm{d}p \tag{4.33}$$

用积分项表示真实的气体拟压差，得到了气体物质平衡拟时间的最终方程：

$$\bar{t}_a = \frac{\mu_{gi} c_{ti}}{q_g}\left(\frac{Gz_i}{2p_i}\right)\Delta m(p) \tag{4.34}$$

Agarwal 等（1998）指出 Palacio 和 Blasingame 典型产量递减曲线可以用于计算可采储量，储层渗透率和表皮系数，但是无法用于分析气藏压裂直井的产量递减（裂缝是有限导流能力或者裂缝是无限导流能力）。他们研发了一种数值模拟器，可以利用数值模拟的计算结果验证 Palacio 和 Blasingame 模型，发现利用物质平衡时间的转换，恒定产量条件下的解与恒定压力条件下的解可以转换成等效的恒定产量的解。

Agrawal 提出了三种新型的产量递减曲线，分别是产量—时间递减曲线，产量—累计时间递减曲线，和累计产量—时间递减曲线。已知面积 A 的条件下，无因次时间的计算方法如下：

$$t_{DA} = t_{aD}\left(\frac{r_w^2}{A}\right) \tag{4.35}$$

已经面积 A 的条件下，无量纲井底压力和无量纲累计产量的计算方程如下：

$$\frac{1}{p_{wD}} = \frac{1422Tq(t)}{Kh\Delta m(p)} \tag{4.36}$$

$$Q_{aD} = \frac{4.5Tz_i G_i}{\phi h r_{wa}^2 p_i}\frac{\Delta m(\bar{p})}{\Delta m(p)} \tag{4.37}$$

Agarwal（1998）提出的上述产量递减方程的重要补充方程，可以利用曲线斜率帮助区分拟稳态流动阶段和过渡流阶段，同时也可以辅助进行生产动态数据的历史拟合。

参 考 文 献

[1] Agarwal RG, Al-Hussainy R, Ramey HJ (1970) An investigation of wellbore storage and skin effect in unsteady liquid flow: I. Analytical treatment. Soc Pet Eng J 10: 279-290. https://doi.org/10.2118/2466-PA.

[2] Agarwal RG, Gardner DC, Kleinsteiber SW, Fussell DD (1998) Analysing well production data using combined type curve and decline curve analysis concepts. Society of Petroleum Engineers. doi: 10.2118/49222-MS.

[3] Al-Kobaisi M, Ozkan E, Kazemi H (2006) A hybrid numerical/analytical model of a finite-conductivity vertical fracture intercepted by a horizontal well. SPE Reserv Eval Eng. 9: 345. https://doi.org/10.2118/92040-PA.

[4] Arps JJ (1945) Analysis of decline curves. Trans AIME. https://doi.org/10.2118/945228-G.

[5] Bahrami N, Pena D, Lusted I (2016) Well test, rate transient analysis and reservoir simula-

tion for characterizing multi-fractured unconventional oil and gas reservoirs. J Pet Explor Prod Technol 6: 675-689. https: //doi. org/10. 1007/s13202-015-0219-1.

[6] Brohi I, Pooladi-Darvish M, Aguilera R (2011) Modeling fractured horizontal wells as dual porosity composite reservoirs—application to tight gas, shale gas and tight oil cases. SPE West North Am Reg Meet. https: //doi. org/10. 2118/144057-MS.

[7] Carter RD (1981) Characteristic behavior of finite radial and linear gas flow systems—constant terminal pressure case. SPE/DOE Low Permeability Gas Reserv Symp. https: //doi. org/10. 2118/9887-MS .

[8] Carter R (1985) Type curves for finite radial and linear gas-flow systems: constant-terminal-pressure case. Soc Pet Eng J 25: 719-728. https: //doi. org/10. 2118/12917-PA.

[9] Cheng Y (2011) Pressure transient characteristics of hydraulically fractured horizontal shale gas wells. SPE East Reg Meet, 1-10. https: //doi. org/10. 2118/149311-MS.

[10] Cinco LH, Samaniego F (1981) Transient pressure analysis for fractured wells. J Pet Technol 33: 1749-1766. https: //doi. org/10. 2118/7490-PA.

[11] Cinco LH, Samaniego V, Dominguez A (1978) Transient pressure behavior for a well with a finite-conductivity vertical fracture. SPE J 18: 253-264. https: //doi. org/10. 2118/6014-PA.

[12] Clarkson C (2011) Integration of rate-transient and microseismic analysis for unconventional gas reservoirs: where reservoir engineering meets geophysics. CSEG Rec 36: 44-61.

[13] Clarkson CR, Beierle JJ (2011) Integration of microseismic and other post-fracture surveillance with production analysis: a tight gas study. J Nat Gas Sci Eng 3: 382-401. https: //doi. org/10. 1016/j. jngse. 2011. 03. 003.

[14] Duong A (2011) Rate-decline analysis for fracture-dominated shale reservoirs. SPE Reserv Eval Eng 14: 19-21. https: //doi. org/10. 2118/137748-PA.

[15] Ehlig-Economides CA, Ramey HJ (1981) Transient rate decline analysis for wells produced at constant pressure. Soc Pet Eng J 21: 98-104. https: //doi. org/10. 2118/8387-pa.

[16] Ehlig-Economides CA, Barron HM, Okunola D (2009) Unified PTA and PDA approach enhances well and reservoir characterization. Society of Petroleum Engineers. doi: 10. 2118/123042-MS.

[17] Fetkovich MJ (1980) Decline curve analysis using type curves. J Pet Technol 32: 1065-1077. https: //doi. org/10. 2118/4629-PA.

[18] Fetkovich MJ, Vienot ME, Bradley MD, Kiesow UG (1987) Decline curve analysis using type curves: case histories. SPE Form Eval 2: 637 – 656. https: //doi. org/10. 2118/13169-PA.

[19] Fraim ML, Wattenbarger RA (1987) Gas reservoir decline-curve analysis using type curves with real gas pseudopressure and normalized time. SPE Form Eval 2: 671-682. https: //doi. org/10. 2118/14238-PA.

[20] Freeman CM, Moridis G, Ilk D, Blasingame TA (2009) A numerical study of performance

for tight gas and shale gas reservoir systems. SPE Annu Tech Conf Exhib. https：//doi. org/ 10. 2118/124961-MS.

[21] Gatens MJ, Lee WJ, Lane HS, Watson AT, Stanley DK (1989) Analysis of eastern devonian gas shales production data. J Pet Technol 41：519-525.

[22] Guo J, Zhang L, Wang H (2014) Pressure transient characteristics of multi-stage fractured horizontal wells in shale gas reservoirs with consideration of multiple mechanisms.

[23] Ilk D, Perego aD, Rushing Ja, Blasingame Ta (2008) Exponential vs. hyperbolic decline in tight gas sands—understanding the origin and implications for reserve estimates using Arps' decline curves. Spe-116731 116731. https：//doi. org/10. 2118/116731-MS.

[24] Kanfar M, Wattenbarger R (2012) Comparison of empirical decline curve methods for shale wells. SPE Can Unconv Resour Conf, 1-12. https：//doi. org/10. 2118/162648-MS.

[25] Kim TH, Park P, Lee KS (2014) Development and application of type curves for pressure transient analysis of multiple fractured horizontal wells in shale gas reservoirs. Offshore Technology Conference. doi：10. 4043/24881-MS.

[26] Kruysdijk V, Dullaert GM (1989) A boundary element solution to the transient pressure response of multiply fractured horizontal wells. In：ECMOR I-1st European conference on the mathematics of oil recovery.

[27] Larsen L, Hegre TM (1991) Pressure-transient behavior of horizontal wells with finite-conductivity vertical fractures. Methods. https：//doi. org/10. 2118/22076-ms.

[28] Larsen L, Hegre T (1994) Pressure transient analysis of multifractured horizontal wells. Society of Petroleum Engineers. doi：10. 2118/28389-MS.

[29] Lewis AM, Hughes RG (2008) Production data analysis of shale gas reservoir. Society of Petroleum Engineers. doi：10. 2118/116688-MS.

[30] Malallah A, Nashawi I, Algharaib M (2007) Constant-pressure analysis of oil wells intercepted by infinite-conductivity \ nHydraulic fracture using rate and rate-derivative functions. Proc SPE Middle East Oil Gas Show Conf. https：//doi. org/10. 2523/105046-MS.

[31] Medeiros F, Ozkan E, Kazemi H (2006) A semianalytical, pressure-transient model for horizontal and multilateral wells in composite, layered, and compartmentalized reservoirs. Society of Petroleum Engineers. doi：10. 2118/102834-MS.

[32] Medeiros F, Kurtoglu B, Ozkan E, Kazemi H (2007) Pressure-transient performances of hydraulically fractured horizontal wells in locally and globally naturally fractured formations. Int Pet Technol Conf. https：//doi. org/10. 2523/IPTC-11781-MS.

[33] Medeiros F, Ozkan E, Kazemi H (2008) Productivity and drainage area of fractured horizontal wells in tight gas reservoirs. SPE Reserv Eval Eng 11：16-18. https：//doi. org/ 10. 2118/108110-PA.

[34] Ozkan E, Ohaeri U, Raghavan R (1987) Unsteady flow to a well produced at a constant pressure in a fractured reservoir. SPE Form Eval, 187-200. SPE-9902-PA. https：// doi. org/10. 2118/9902-PA.

[35] Palacio JC, Blasingame TA (1993) Decline curve analysis using type curves: analysis of gas well production data. In: 1993 SPE Jt Rocky Mountain Regional/Low Permeability Reservoirs Symposium. https://doi.org/10.2118/25909-MS.

[36] Raghavan R, Chen C-C, Argawal B (1997) An analysis of horizontal wells intercepted by multiple fractures. SPE J 2: 235-245. https://doi.org/10.2118/27652-PA.

[37] Rodriguez F, Horne RN, Cinco LH (1984a) Partially penetrating fractures: pressure transient analysis of an infinite conductivity fracture. Society of Petroleum Engineers. doi: 10.2118/12743-MS.

[38] Rodriguez F, Horne RN, Cinco LH (1984b) Partially penetrating vertical fractures: pressure transient behavior of a finite-conductivity fracture. Society of Petroleum Engineers. doi: 10.2118/13057-MS.

[39] Schulte WM (1986) Production from a fractured well with well inflow limited to part of the fractured height. Society of Petroleum Engineers. doi: 10.2118/12882-PA.

[40] Seshadri J, Mattar L (2010) Comparison of power law and modified hyperbolic decline methods. Can Unconv Resour Int Pet Conf, 19-21. https://doi.org/10.2118/137320-MS.

[41] Uraiet aa, Raghavan R (1980) Unsteady flow to a well producing at a constant pressure. J Pet Technol 32: 1803-1812. https://doi.org/10.2118/8768-PA.

[42] Valko P (2009) Assigning value to stimulation in the Barnett Shale: a simultaneous analysis of 7000 plus production histories and well completion records. Proceedings of SPE hydraulic fracturing technology conference, pp 1-19. https://doi.org/10.2118/119369-MS.

[43] Vera F, Ehlig-Economides C (2014) Describing shale well performance using transient well analysis. The Way Ahead 10 (02): 24-28.

[44] Wang F, Zhang S, Liu B (2013) Pressure transient analysis of multi-stage hydraulically fractured horizontal wells. J Pet Sci Res 2: 162. https://doi.org/10.14355/jpsr.2013.0204.03.

[45] Wei Y, Economides MJ (2005) Transverse hydraulic fractures from a horizontal well. SPE Annu Tech Conf Exhib, 1-12. https://doi.org/10.2118/94671-MS.

附录　单位换算

1in（英寸）= 25.4mm

1ft（英尺）= 0.3048m

$1ft^3$（立方英尺）= $0.0283m^3$

1acre（英亩）= $4047m^2$

1bbl（桶）= $0.159m^3$

1gal（加仑）= $0.0037857m^3$

1lb（磅）= 0.454kg

1ton（吨）= 1000kg

1short ton（短吨）= 907kg

1long ton（长吨）= 1016kg

1cal（卡）= 4.1868J

1Btu（英热单位）= 1055.6J

1mile（英里）= 1.609km

$1mile^2$（平方英里）= $2.59km^2$

$n\,^\circ F$（华氏温度）=（$n-32$）/1.8℃

1cP（厘泊）= 1mPa·s

1D（达西）= $0.987 \times 10^{-12}m^2$

1mD（毫达西）= $0.987 \times 10^{-15}m^2$

1hp（马力）= 0.745kW

国外油气勘探开发新进展丛书（一）

书号：3592
定价：56.00元

书号：3663
定价：120.00元

书号：3700
定价：110.00元

书号：3718
定价：145.00元

书号：3722
定价：90.00元

国外油气勘探开发新进展丛书（二）

书号：4217
定价：96.00元

书号：4226
定价：60.00元

书号：4352
定价：32.00元

书号：4334
定价：115.00元

书号：4297
定价：28.00元

国外油气勘探开发新进展丛书（三）

书号：4539
定价：120.00元

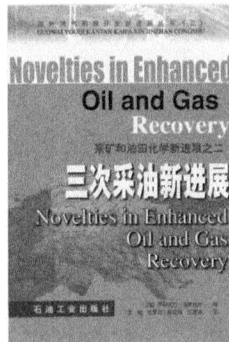

书号：4725
定价：88.00元

书号：4707
定价：60.00元

书号：4681
定价：48.00元

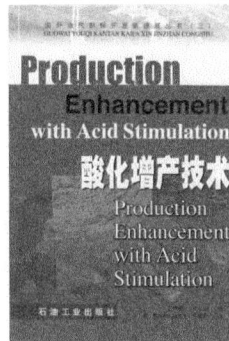

书号：4689
定价：50.00元

书号：4764
定价：78.00元

国外油气勘探开发新进展丛书（四）

书号：5554
定价：78.00元

书号：5429
定价：35.00元

书号：5599
定价：98.00元

书号：5702
定价：120.00元

书号：5676
定价：48.00元

书号：5750
定价：68.00元

国外油气勘探开发新进展丛书（五）

书号：6449
定价：52.00元

书号：5929
定价：70.00元

书号：6471
定价：128.00元

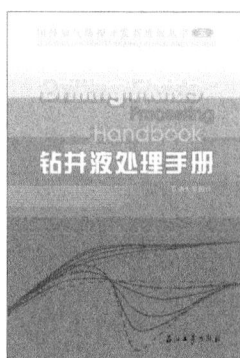

书号：6402
定价：96.00元

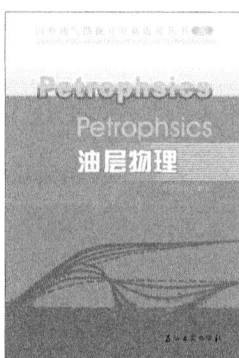

书号：6309
定价：185.00元

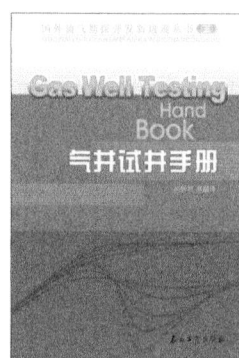

书号：6718
定价：150.00元

国外油气勘探开发新进展丛书（六）

书号：7055
定价：290.00元

书号：7000
定价：50.00元

书号：7035
定价：32.00元

书号：7075
定价：128.00元

书号：6966
定价：42.00元

书号：6967
定价：32.00元

国外油气勘探开发新进展丛书（七）

Natural Gas Measurement Handbook
天然气测量手册

书号：7533
定价：65.00元

Construction Contracts
地面工程合同

书号：7802
定价：110.00元

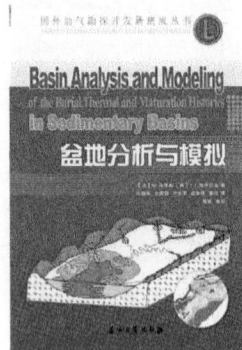

Basin Analysis and Modeling of the Burial Thermal and Maturation Histories in Sedimentary Basins
盆地分析与模拟

书号：7555
定价：60.00元

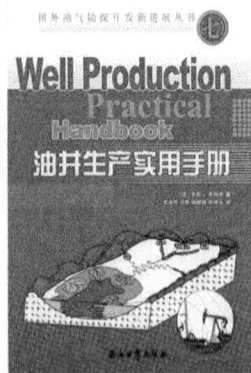

Well Production Practical Handbook
油井生产实用手册

书号：7290
定价：98.00元

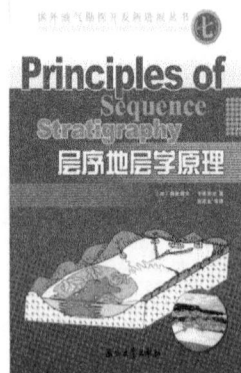

Principles of Sequence Stratigraphy
层序地层学原理

书号：7088
定价：120.00元

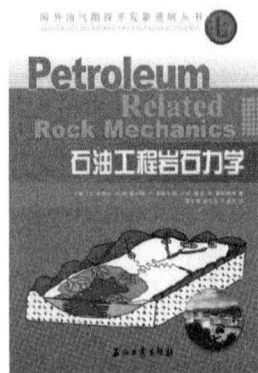

Petroleum Related Rock Mechanics
石油工程岩石力学

书号：7690
定价：93.00元

国外油气勘探开发新进展丛书（八）

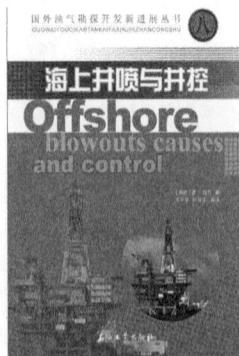

海上井喷与井控
Offshore blowouts causes and control

书号：7446
定价：38.00元

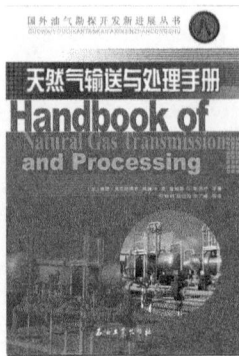

天然气输送与处理手册
Handbook of Natural Gas Transmission and Processing

书号：8065
定价：98.00元

气藏工程
Offshore blowouts causes and control

书号：8356
定价：98.00元

书号：8092
定价：38.00元

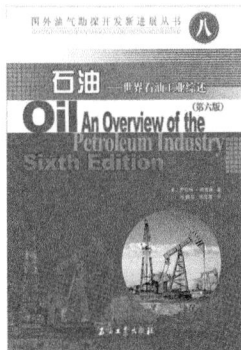

书号：8804
定价：38.00元

书号：9483
定价：140.00元

国外油气勘探开发新进展丛书（九）

书号：8351
定价：68.00元

书号：8782
定价：180.00元

书号：8336
定价：80.00元

书号：8899
定价：150.00元

书号：9013
定价：160.00元

书号：7634
定价：65.00元

国外油气勘探开发新进展丛书（十）

书号：9009
定价：110.00元

书号：9989
定价：110.00元

书号：9574
定价：80.00元

书号：9024
定价：96.00元

书号：9322
定价：96.00元

书号：9576
定价：96.00元

国外油气勘探开发新进展丛书（十一）

书号：0042
定价：120.00元

书号：9943
定价：75.00元

书号：0732
定价：75.00元

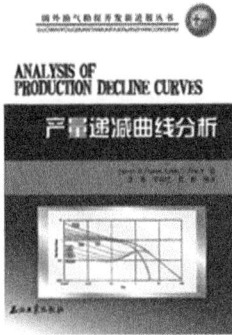

书号：0916
定价：80.00元

书号：0867
定价：65.00元

书号：0732
定价：75.00元

国外油气勘探开发新进展丛书（十二）

书号：0661
定价：80.00元

书号：0870
定价：116.00元

书号：0851
定价：120.00元

书号：1172
定价：120.00元

书号：0958
定价：66.00元

书号：1529
定价：66.00元

国外油气勘探开发新进展丛书（十三）

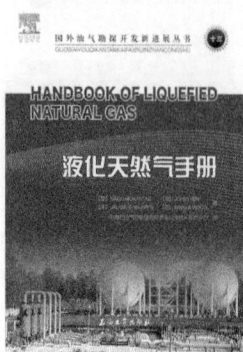

HANDBOOK OF LIQUEFIED NATURAL GAS
液化天然气手册

书号：1046
定价：158.00元

OFFSHORE STRUCTURES DESIGN, CONSTRUCTION AND MAINTENANCE
海洋结构物设计、建造与维护

书号：1167
定价：165.00元

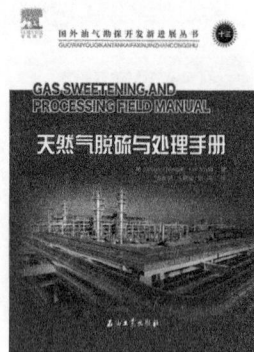

GAS SWEETENING AND PROCESSING FIELD MANUAL
天然气脱硫与处理手册

书号：1645
定价：70.00元

Reservoir Exploration and Appraisal
油气藏勘探与评价

书号：1259
定价：60.00元

THE PETROLEUM ENGINEERING HANDBOOK: SUSTAINABLE OPERATIONS
石油工程手册——可持续开发

书号：1875
定价：158.00元

WELL COMPLETION DESIGN
完井设计

书号：1477
定价：256.00元

国外油气勘探开发新进展丛书（十四）

APPLIED PETROLEUM RESERVOIR ENGINEERING, THIRD EDITION
实用油藏工程（第三版）

书号：1456
定价：128.00元

HYDRAULIC FRACTURING EXPLAINED EVALUATION, IMPLEMENTATION AND CHALLENGES
水力压裂解释——评估、实施和挑战

书号：1855
定价：60.00元

PETROLEUM ENGINEER'S GUIDE TO OIL FIELD CHEMICALS AND FLUIDS
石油工程师指南——油田化学品与流体

书号：1874
定价：280.00元

书号：2857
定价：80.00元

书号：2362
定价：76.00元

国外油气勘探开发新进展丛书（十五）

书号：3053
定价：260.00元

书号：3682
定价：180.00元

书号：2216
定价：180.00元

书号：3052
定价：260.00元

书号：2703
定价：280.00元

书号：2419
定价：300.00元

国外油气勘探开发新进展丛书（十六）

书号：2428
定价：168.00元

书号：1979
定价：65.00元

书号：3384
定价：168.00元

书号：2274
定价：68.00元

书号：3450
定价：280.00元

国外油气勘探开发新进展丛书（十七）

书号：2862
定价：160.00元

书号：3081
定价：86.00元

书号：3514
定价：96.00元

书号：3512
定价：298.00元

书号：3980
定价：220.00元

国外油气勘探开发新进展丛书（十八）

书号：3702
定价：75.00元

书号：3734
定价：200.00元

书号：3693
定价：48.00元

书号：3513
定价：278.00元

书号：3772
定价：80.00元

国外油气勘探开发新进展丛书（十九）

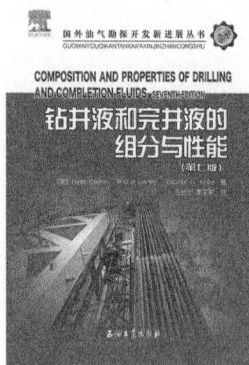

书号：3834
定价：200.00元

书号：3991
定价：180.00元

书号：3988
定价：96.00元

书号：3979
定价：120.00元

国外油气勘探开发新进展丛书（二十）

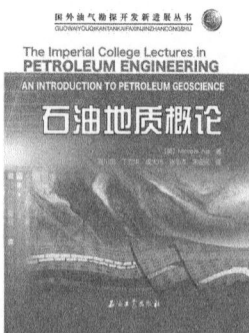

书号：4071
定价：160.00元